Semya Ziam

Technologie DVB-H

Semya Ziam

Technologie DVB-H
Etude des Standards DVB-IPDC et OMA-BCAST

Presses Académiques Francophones

Impressum / Mentions légales

Bibliografische Information der Deutschen Nationalbibliothek: Die Deutsche Nationalbibliothek verzeichnet diese Publikation in der Deutschen Nationalbibliografie; detaillierte bibliografische Daten sind im Internet über http://dnb.d-nb.de abrufbar.

Alle in diesem Buch genannten Marken und Produktnamen unterliegen warenzeichen-, marken- oder patentrechtlichem Schutz bzw. sind Warenzeichen oder eingetragene Warenzeichen der jeweiligen Inhaber. Die Wiedergabe von Marken, Produktnamen, Gebrauchsnamen, Handelsnamen, Warenbezeichnungen u.s.w. in diesem Werk berechtigt auch ohne besondere Kennzeichnung nicht zu der Annahme, dass solche Namen im Sinne der Warenzeichen- und Markenschutzgesetzgebung als frei zu betrachten wären und daher von jedermann benutzt werden dürften.

Information bibliographique publiée par la Deutsche Nationalbibliothek: La Deutsche Nationalbibliothek inscrit cette publication à la Deutsche Nationalbibliografie; des données bibliographiques détaillées sont disponibles sur internet à l'adresse http://dnb.d-nb.de.

Toutes marques et noms de produits mentionnés dans ce livre demeurent sous la protection des marques, des marques déposées et des brevets, et sont des marques ou des marques déposées de leurs détenteurs respectifs. L'utilisation des marques, noms de produits, noms communs, noms commerciaux, descriptions de produits, etc, même sans qu'ils soient mentionnés de façon particulière dans ce livre ne signifie en aucune façon que ces noms peuvent être utilisés sans restriction à l'égard de la législation pour la protection des marques et des marques déposées et pourraient donc être utilisés par quiconque.

Coverbild / Photo de couverture: www.ingimage.com

Verlag / Editeur:
Presses Académiques Francophones
ist ein Imprint der / est une marque déposée de
OmniScriptum GmbH & Co. KG
Heinrich-Böcking-Str. 6-8, 66121 Saarbrücken, Deutschland / Allemagne
Email: info@presses-academiques.com

Herstellung: siehe letzte Seite /
Impression: voir la dernière page
ISBN: 978-3-8381-7383-2

Copyright / Droit d'auteur © 2014 OmniScriptum GmbH & Co. KG
Alle Rechte vorbehalten. / Tous droits réservés. Saarbrücken 2014

SOMMAIRE

Introduction générale 3

Chapitre 1 : Présentation des technologies DVB-T et DVB-H 5

- **1-Présentation de la technologie DVB-T** 6
  - 1-1 Introduction 6
  - 1-2 Codage source 8
  - 1-3 Codage canal 14
- **2-Présentation de la technologie DVB-H** 18
  - 2-1 Introduction 18
  - 2-2 Présentation du système DVB-H 19
- **3-Présentation de la technologie DVB-SH** 29
  - 3-1 Présentation du système DVB-SH 29
  - 3-2 Bande de fréquence et modulation 31
- **4- Conclusion** 33

Chapitre 2 : Etude des standards DVB-IPDC et OMA-BCAST 34

- **1-Etude du standard DVB-IPDC** 35
  - 1-1 Introduction 35
  - 1-2 L'architecture de référence du datacast IP 37
  - 1-3 Architecture logicielle du Datacast IP 38
  - 1-4 L'ESG *(Electronic Service Guide)* 42
  - 1-5 La signalisation PSI/SI 45
- **2-Etude du standard OMA-BCAST** 48
  - 2-1 Introduction 48
  - 2-2 Architecture 49
  - 2-3 Les services de protection de l'OMA BCAST 55
  - 2-4 L'ESG OMA BCAST 60
- **3-Comparaison des caractéristiques du DVB-IPDC et l'OMA-BCAST** 63
- **4-Conclusion** 65

Chapitre 3 : Simulation des paramètres influençant les performances du récepteur mobile 66

   1-Introduction 67
   2-Présentation du logiciel de simulation 67
   3-Objectif et paramètres de la simulation 68
      3-1 Modes de transmission 69
      3-2 Intervalle de garde 70
      3-3 L'effet Doppler 70
      3-4 Fading de Rayleigh 72
      3-5 La protection MPE-FEC 73
   4- Résultats de la simulation 73
      4-1 Les cas étudiés 73
      4-2 Résultats sans protection MPE-FEC 74
      4-3 Résultats avec une protection MPE-FEC pour CR=2/3 80
      4-4 Résultats avec une protection MPE-FEC pour CR=3/4 85
   5-Conclusion 91

CONCLUSION GENERALE 92

ANNEXES 94

   Annexe 1 : Résultats entiers de la simulation obtenus sur le logiciel Dibcom 95
   Annexe 2 : Codage de Reed–Solomon 97
   Annexe 3 : Frame Error Ratio après FEC 99

BIBLIOGRAPHIE 100

Introduction générale

Ces dernières années, la télévision mobile personnelle est devenue une réalité, souvent expérimentale dans un premier temps, même si le choix entre les technologies capables de diffuser des images à destination de récepteurs mobiles s'est avéré assez large. En effet, retenir l'une ou l'autre de ces technologies, souvent concurrentes, parfois complémentaires, entraîne de lourds enjeux industriels. Ainsi, la décision repose pour partie sur l'efficacité intrinsèque des procédés, tel que la performance de la norme en terme de bande passante, donc le nombre de chaînes pouvant être transportées, le coût des infrastructures, la couverture potentielle, l' état d'avancement des travaux de normalisation, le délais de disponibilité et le prix des récepteurs. Elle dépend aussi des contraintes spectrales fortes, dont la technologie de diffusion mobile doit s'accommoder.

Le choix de la technologie DVB-H qui peut dépasser 30 programmes par canal en diffusion, représente de meilleures garanties par rapport à la technologie de la télévision mobile de la 3ème génération UMTS (Universal Mobile Telecommunications System). Elle est aussi plus performante que les autres technologies de la diffusion telles que le T-DMB coréen, l'ISDB-T Japonais ou le CMMB chinois, qui n'ont pas le processus du découpage temporel pour l'économie d'énergie. A signaler que Le DVB-H (Digital Video Broadcast-Handheld) est la déclinaison mobile de la télévision numérique Terrestre (TNT). La plupart des tests de télévision mobile se basent sur cette technologie qui pourrait s'imposer à l'instar du GSM pour la téléphonie mobile.

Le présent travail est ainsi porté sur l'étude de ces standards, à savoir le DVB-IPDC et l'OMA-BCAST, ainsi que la simulation et les mesures des paramètres du signal DVB-H, considéré comme pilier de ces normes, et l'interprétation de leur influence sur la qualité de réception sur le terminal mobile. Afin de mener à bien cette étude, le travail a été structuré de la manière suivante : le premier chapitre a pour but de donner un aperçu sur la technologie DVB-H, et vues les similitudes du point de vue structures fonctionnelles entre cette dernière et la DVB-T, il a été jugé opportun de faire en premier lieu une présentation de la technologie DVB-T. Le deuxième chapitre est consacré à l'étude des standards DVB-IPDC et OMA-BCAST. Enfin, dans le troisième chapitre, nous avons illustré les résultats de la simulation des paramètres de modulation de la norme DVB-H afin de prouver leur impact sur la qualité du signal destiné à un terminal mobile.

Chapitre 1

Présentation des technologies DVB-T et DVB-H

1. Présentation de la technologie DVB-T

1-1 Introduction

Le système DVB-T est défini comme un bloc fonctionnel d'équipements réalisant l'adaptation des signaux TV en bande de base en sortie du multiplexeur de transport MPEG-2 TS, aux caractéristiques du canal terrestre.

Les flux de données MPEG-TS constituent des signaux d'entrées du modulateur DVB-T auquel les traitements suivants sont appliqués (figure 1) :

- Adaptation du multiplex de transport et brassage
- Codage externe
- Entrelacement externe
- Codage interne
- Entrelacement interne
- constellation et modulation
- Transmission OFDM

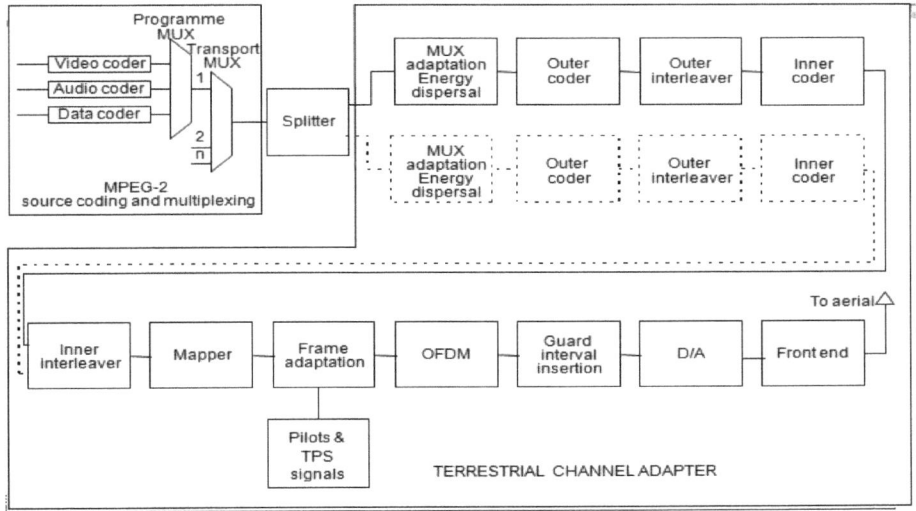

Figure 1 : La synoptique de la chaîne d'émission DVB-T [1]

Le processus DVB-T peut se résumer en 3 grandes étapes (figure 2)

- ✓ le codage source
- ✓ le codage canal
- ✓ L'adaptation du signal au canal de transmission terrestre

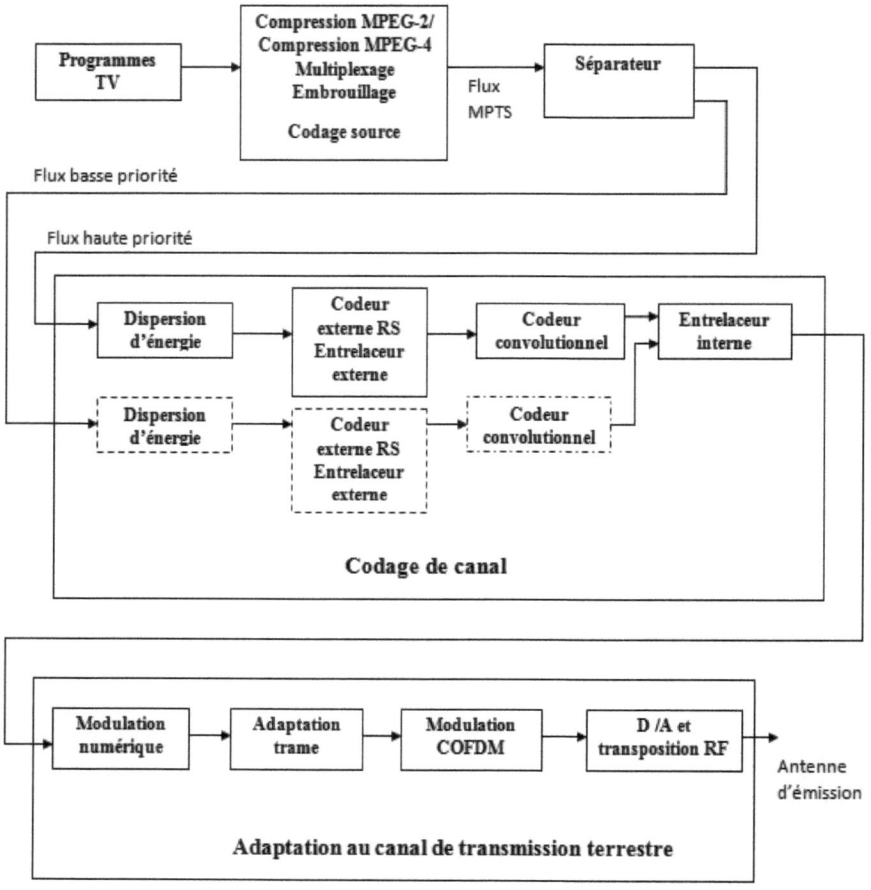

Figure 2: Schéma détaillé sur le fonctionnement de la DVB-T [2]

1-2 Codage source

Il permet la mise au point des techniques de compression vidéo et audio visant à réduire le débit numérique en préservant la qualité numérique et à garantir une excellente qualité des images et des sons. La norme MPEG-2 a été retenue pour les chaînes gratuites, et MPEG-4 pour les chaînes payantes.

1-2-1- Principe de la compression MPEG-2

MPEG (Moving Pictures Expert Group) est un comité formé en 1988 et constitue une norme internationale ISO. Il s'agit d'un groupe de travail dont le propos est de définir des standards pour compression de la vidéo et de l'audio ou format numérique.

L'idée de base de tous les systèmes de compression vidéo, mais aussi audio, est d'exploiter les redondances qui existent naturellement dans des images vidéo voir de les éliminer pour réduire le débit d'informations à transmettre, sans bien sûr que cela ne soit visible de manière flagrante pour l'œil humain.

Ainsi, c'est le codage MPEG qui a été choisi pour compresser le signal vidéo numérique, car il ne faut pas oublier qu'une séquence vidéo se compose d'images et de son dans deux flux différents : le flux vidéo et le flux sonore. Les normes de compression vidéo comme MPEG ont donc trois parties : une partie vidéo, une partie audio, et une partie système qui gère leur l'intégration. Ainsi les codeurs/décodeurs vidéo et audio travaillent indépendamment l'un de l'autre.

a- MPEG-2 appliqué à la vidéo

Le format vidéo de postproduction numérique utilise 270 Mb/s de débit pour coder les images. Il est donc nécessaire de procéder à une compression des images. Après codage MPEG-2, on arrivera à un débit utile de 3 à 8 Mb/s pour un programme (Audio + Vidéo +Données auxiliaires). Deux types de compressions sont principalement appliqués : une compression intra image (pour chaque image) et une compression dite temporelle.

> **Compression intra image**

Cette technique adopte le principe de la compression pour les images JPEG « Joint Photographic Experts Group » qui repose principalement sur ce que l'on appelle la transformation en cosinus discret (DCT) qui permet de transformer une image en fréquence. Les informations superflues se trouvant concentrées dans les hautes fréquences, il est très facile alors de les éliminer. Pour que la DCT soit efficace, il faut auparavant, découper chaque image en une mosaïque de petits blocs, de 8x8 ou 16x16 pixels appelés macro-blocs. Plus la surface de travail est faible, plus le traitement est pertinent.

> **Compression temporelle**

Cette technique s'effectue sur des séquences répétitives d'image, appelées GOP (Group Of Picture), qui se compose de trois types d'images en partant du principe qu'une image d'une séquence est généralement très peu différente de celle qui la précède. Ces images sont appelées : I (Intra), P (Predicted) et B (Bidirectionnal).

Un GOP est une séquence d'images comprises entre deux images « I ». Plus les images I sont espacées, plus le GOP est grand et plus la qualité de l'image diminue.

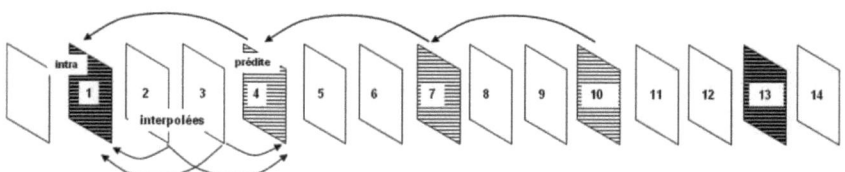

Figure 3 : Les éléments d'un GOP

Les images « I » : ce sont des images de référence compressées de manière indépendante, sans référence à une autre image. Leur taux de compression est le plus faible car il fait seulement l'objet d'un codage de type JPEG. Ces images représentent le point d'entrée obligatoire à une séquence.

Les images « P » : ces images sont codées en tenant compte des images « I » ou « P » précédemment décrites. Il n'est pas possible de multiplier indéfiniment le nombre d'images « P » entre deux images « I », car, étant utilisées pour coder d'autres images « P » ou « B », elles se propagent en amplifiant toute erreur de codage. Leur taux de compression est nettement plus important que les images « I» car seule l'erreur de prédiction est codée puisqu'elle est normalement moins riche en détails fins que l'image d'origine.

Les images « B » : elles sont obtenues par interpolation bidirectionnelle entre les images « I » et « P » qui les entourent. Elles ont le taux de compression le plus élevé car l'erreur de prédiction est encore plus faible que pour les images « P ». Ces images ne sont pas utilisées pour définir d'autres images, elles ne propagent donc pas les erreurs.

b- MPEG-2 appliqué à l'audio

La compression de l'audio est principalement basée sur les caractéristiques de l'audition humaine. Il a été constaté que l'audition humaine est particulièrement en Stéréo (double voie) et possède un pouvoir discriminatoire impressionnant, que ce soit en fréquence ou en temps. Ainsi on va utiliser les faiblesses de l'oreille humaine pour réduire la quantité d'informations à transmettre sans pour autant détériorer la qualité du signal audio.

En premier lieu, il est à noter que l'oreille humaine ne peut percevoir que des fréquences comprises entre **20 Hz** et **20KHz**, ce qui va permettre d'éliminer certaines composantes du signal audio.

Deuxièmement, en exécutant le principe de « ne pas transmettre ce que l'on n'écoute pas », on va explorer certaines bases psycho acoustiques pour éliminer certaines fréquences. Il s'agit d'utiliser le **masquage fréquentiel** et **le masquage temporel.**

> ### Le masquage fréquentiel

La figure ci dessous représente en *A* les différents seuils d'audibilité en fonction de la fréquence. Si des signaux multiples sont proches en fréquence (C et D), le signal qui a l'amplitude la plus importante aura pour effet de remonter le seuil d'audibilité B à son voisinage et par conséquent de rendre l'oreille insensible aux fréquences voisines.

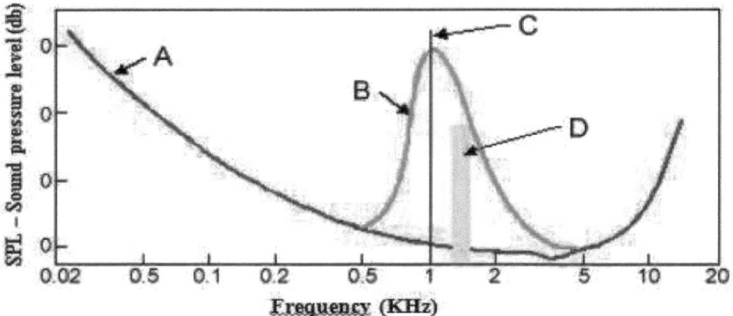

A Normal threshold of hearing
B Modified threshold due to tone C
C Band of noise rendered inaudible by the presence of tone C

Figure 4 : Masquage fréquentiel (D masqué par B) [1]

> **Le masquage temporel**

L'oreille humaine ne perçoit pas les sons faibles précédents ou suivants un son de forte intensité et de même hauteur. Il s'agit des phénomènes de pré-masquage et de post masquage

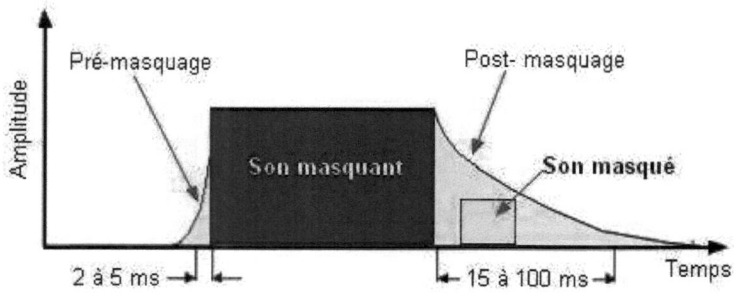

Figure 5 : Masquage temporel [1]

Le codage audio va, dans un premier temps, diviser la bande passante audio (20Hz-20KHz) en 32 sous-bandes. Le modèle psycho acoustique va par la suite permettre d'éliminer les signaux de sous-bandes non perçus par l'auditeur et de quantifier chacune des sous-bandes de manière à ce que le bruit de quantification reste inférieur au seuil d'audibilité.

c- Organisation des données

Les données audio et vidéo viennent de subir des opérations de réduction de débit. Il est alors nécessaire d'organiser ces données grâce à des codeurs audio et vidéo qui fournissent à leur sortie des flux élémentaires de données **ES** *(ElementaryStream)*.

Chaque flux élémentaire **ES** est divisé en paquets qui constituent ainsi un **PES** *(Packetized Elementary Stream)*. Les PES sont obtenus en découpant le flux ES en morceaux plus ou moins longs. Un en-tête est rajouté à chaque paquet PES pour l'identifier. Ces paquets restent de longueur importante et variable et ne sont pas adaptés à la transmission.

En transmission, il est nécessaire de travailler avec des paquets de format court, fixe et à débit constant. C'est pour cette raison qu'un flux de transport **TS** *(Transport Stream)*, composé de paquets de 188 octets (4 octets d'en-tête *(Packet header)* et 184 octets de données utiles *(Payload)*) est réalisé à partir des flux de données PES. Ces paquets TS sont obtenus en découpant les PES en petits morceaux de 184 octets *(Payload)*. Les PES audio et vidéo d'un même programme sont multiplexés pour obtenir un SPTS *(Single Program TransportStream)*. Les SPTS de plusieurs programmes peuvent être ensuite multiplexés par un opérateur de multiplexage pour obtenir un **MPTS** *(Multiple Program Transport Stream)*.

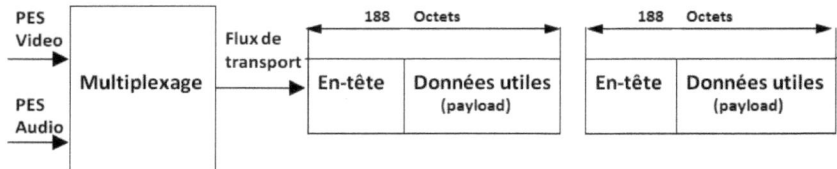

Figure 6 : Organisation du flux de transport STPS [2]

1-3 Codage canal

Le codage source vient d'être effectué, la seconde étape consiste à transmettre le flux de transport MPEG-2 TS par voie radiofréquence vers les utilisateurs.

Le canal de transmission n'étant pas exempt d'erreurs qui viennent perturber le signal utile (bruit, interférences, échos…), il est nécessaire de prendre des mesures avant la modulation pour permettre la détection et la correction dans le récepteur des erreurs apportées par le canal de transmission. Ces mesures, dont la principale consiste à apporter de la redondance au flux de multiplex, constituent l'essentiel du codage de canal.

Lorsque les conditions de transmission deviennent mauvaises, on constate une disparition totale du signal en numérique. C'est pourquoi, les données à transmettre MPEG-2 TS sont séparées en deux modes : le mode hiérarchique et le mode non hiérarchique.

> **Le mode hiérarchique**

Mode Simulcast : Il offre la possibilité de transmettre le flux de transport MPEG-2 TS multiplexé en un flux de transport de haute priorité (grande protection contre les erreurs de transmission et débit binaire assez bas) et un flux de transport de basse priorité (faible protection contre les erreurs de transmission et débit binaire élevé) incluant les modules en pointillé dans la partie codage de canal du schéma synoptique de la figure 1. La réception du dernier flux conduit à une meilleure qualité mais nécessite de meilleures conditions de réception pour un décodage sans erreur.

Mode non simulcast (multi-programmes) : Le flux basse priorité peut contenir un ou plusieurs programmes différents de ceux présents dans le flux haute priorité. Un récepteur portable pourra décoder les programmes transmis avec une forte protection tandis qu'un récepteur fixe pourra décoder le flux basse priorité permettant d'obtenir des programmes supplémentaires.

> **Le mode non hiérarchique**

Ce mode nécessite uniquement le traitement représenté en traits pleins sur le schéma synoptique de la chaîne de diffusion représenté dans la figure 1. La séparation n'est plus nécessaire. Un flux peut véhiculer un programme ou plusieurs programmes. Tous les programmes à l'intérieur d'un flux sont protégés de façon identique.

a- *Dispersion d'énergie* **(brassage)**

Le flux de transport d'entrée MPEG-2 TS est organisé en paquets de longueur fixe de 188 octets. Le brassage sert à effectuer une dispersion d'énergie, c'est à dire une répartition uniforme de l'énergie dans le canal d'émission afin d'éviter les longues suites de 1 ou de 0 qui créeraient des raies parasites dans le spectre du signal et qui empêcheraient la récupération de l'horloge.

b- *Codage Reed-Solomon* **(codage externe)**

Afin de pouvoir corriger la majeure partie des erreurs introduites par le canal de transmission, on introduit une redondance dans le signal permettant de détecter et de corriger ces erreurs. Le codage utilisé est un codage de Reed-Solomon RS (204, 188, T=8), avec 188 octets en entrée, 204 octets en sortie et 8 octets peuvent être corrigés en sortie. Ce code permet, complété d'un procédé d'entrelacement, de corriger les erreurs en rafale (plusieurs octets consécutifs). Il s'applique à tous les paquets de transport TS brassés de 188 octets, y compris les octets de synchronisation (inversés ou non) :

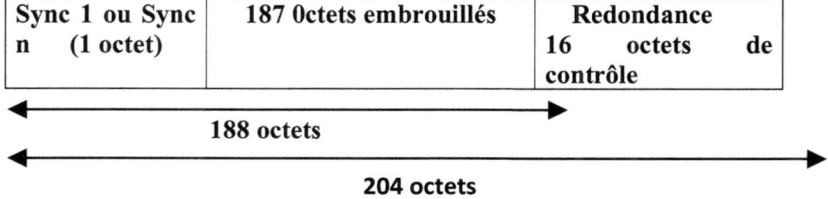

Figure 7 : Format des paquets transport protégés [2]

Le codage Reed-Solomon est donc particulièrement bien adapté à la correction de petits paquets d'erreurs.

c- *Entrelacement externe*

Cette étape est destinée à augmenter l'efficacité du codage de Reed-Solomon. Un code a une capacité de correction de paquets d'erreurs très inférieure à la capacité de correction d'erreurs isolées. Afin de rendre plus efficace la correction par le codage Reed-Solomon, on disperse les erreurs au moyen d'un entrelaceur. A la réception, l'ordre initial des échantillons est rétabli, ce qui a pour effet de diviser les paquets d'erreurs en erreurs isolées et de faciliter la correction. L'entrelacement n'augmente pas la capacité de correction mais seulement son efficacité.

d- *Codage convolutif* (codage interne) et poinçonnage

Comme le canal de transmission hertzien est un canal fortement perturbé, il convient de renforcer encore les mesures de protection des données à transmettre par l'ajout d'un deuxième code correcteur d'erreurs : le code convolutif.

La forte redondance introduite par ce code permet une correction d'erreurs efficace, mais elle double le débit initial. Afin d'en améliorer le rendement qui est de 1/2, une opération de poinçonnage doit être effectuée, en ne transmettant pas tous les bits en sortie du codeur convolutif, afin de réduire le débit total et la redondance du code.

Rendement R	Schéma de poinçonnage	Séquence transmise après conversion parallèle/série
$3/4$	X : 101 Y : 110	$X_1 Y_1 Y_2 X_3$

Figure 8 : Matrice de poinçonnage pour un rendement de 3/4 [2]

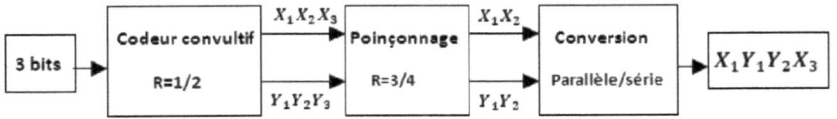

Figure 9 : Codage convolutif et poinçonnage pour un rendement de 3/4 [2]

- ✓ Nombre de bits à l'entrée du codeur : 3
- ✓ Nombre de bits à la sortie du codeur : 6
- ✓ Nombre de bits transmis : 4

A la réception, le décodeur insère des zéros pour reconstituer les données détruites en respectant la même règle de poinçonnage. Un décodeur de Viterbi sera chargé de retrouver les données initiales.

e- *Entrelacement interne*

Cet entrelacement interne se décompose en un entrelacement bits et un entrelacement symboles.

L'OFDM est une modulation qui répartit un flux à haut débit en plusieurs flux avec un faible débit. Chacun de ces flux est alors modulé par une porteuse différente. Chacune de ces porteuses permet donc de véhiculer un nombre de bits déterminé par la modulation utilisée (2 bits pour la QPSK, 4 bits pour la 16-QAM et 6 bits pour la 64 QAM par coup d'horloge). Si un brouillage apparaît sur ces porteuses, l'information véhiculée par les porteuses est perdue et les bits correspondant à ces porteuses sont faux en arrivant consécutivement au décodeur Viterbi.

C'est pourquoi, l'entrelacement bits permet de supprimer la corrélation des erreurs en véhiculant sur une porteuse des bits qui ne sont pas consécutifs. Quant à l'entrelacement symboles, il permet de ne pas moduler plusieurs porteuses consécutives par des symboles consécutifs.

2. Présentation de la technologie DVB-H

2-1 Introduction

Le DVB-H (Digital Video Broadcasting – Handeld) est une technologie standardisée par l'ETSI (European Telecommunications Standards Institut) en 2004. Elle a été conçue pour la distribution des contenus multimédias vers des terminaux sans fil de poche. Cette technologie présente de nouvelles méthodes de distribution de services vers des terminaux mobiles offrant des possibilités plus nombreuses aux fournisseurs de contenu et aux opérateurs réseau. Elle garantit un débit binaire total de plusieurs Mbits/s et peut être utilisée pour les flux vidéo et audio, les téléchargements de fichiers ainsi que de nombreux autres services.

La norme DVB-H dérive de la norme DVB-T (Digital Video Broadcast-Terrestrial). Bien que cette dernière a prouvé sa capacité à servir des terminaux fixes et mobiles, les terminaux de poche nécessitent des aspects spécifiques. En effet, ils exigent une optimisation de la consommation de batterie afin d'augmenter sa durée d'utilisation. Ils doivent aussi prévoir le mécanisme du handover puisqu'ils ciblent des utilisateurs nomades, et offrir la flexibilité de ses services pour des environnements différents (indoor et outdoor) et différentes vitesses du récepteur, comme ils doivent résister aux problèmes de propagation dans un environnement radiomobile.

2-2 Présentation du système DVB-H

La technologie DVB-H est définie par des éléments de la couche physique et la couche liaison qui sont des couches OSI. La couche liaison utilise le découpage temporel (Time Slicing) afin de réduire la consommation de puissance du terminal et assurer un soft handover. Elle présente également un dispositif évolué de protection contre les erreurs, nommé Multi-Protocol Encapsulation Forward Error Correction (MPE-FEC), qui permet une amélioration de performance en présence de l'effet Doppler et une tolérance contre les interférences à bande étroite. Ce dispositif fonctionne de la manière suivante :

Le point d'entrée de la bande de base d'un modulateur DVB-H accepte des paquets du Protocole Internet (IP). Ceux-ci sont stockés dans une matrice d'entrelacement colonne par colonne. On calcule un code de Reed-Solomon sur les lignes de cette matrice, puis on reporte le contenu ainsi obtenu de la matrice d'entrelacement dans une tranche de temps.

Quant à la couche physique, elle reprend la structure utilisée par le système DVB-T qui emploie la modulation OFDM avec des extensions dans la signalisation moyennant les bits TPS (Transmission Parameters Signalling), un nouveau mode de transmission (4k) et un entrelaceur profond.

2-2-1 *La couche physique*

La transmission radio repose concrètement sur la norme DVB-T qui emploie la modulation à porteuses multiples OFDM. Une seule nouvelle fonctionnalité obligatoire sur la couche physique permet de distinguer le signal DVB-H du signal DVB-T : une signalisation étendue pour les flux élémentaires DVB-H du multiplex. Plusieurs autres éléments facultatifs nouveaux existent. La signalisation est réalisée de manière à être rétro-compatible avec le système DVB-T. En outre, le flux de données DVB-H est entièrement compatible avec les flux de transport DVB acheminant des offres DVB-T « classiques ». Ces propriétés garantissent la radiodiffusion du flux de données DVB-H via les réseaux d'émetteurs DVB-T totalement réservés aux services DVB-H et les réseaux DVB-T prenant en charge des services DVB-T en plus des services DVB-H. Pour cette raison, des techniques spécifiques à la DVBH tels que le découpage temporel et la correction d'erreur directe améliorée sont délibérément intégrées à la couche de protocole sur les flux de transport DVB.

2-2-2 *Le découpage temporel* : (**Time Slicing**)

Les données d'un service DVB-H ne sont pas émises en continu, mais mises en paquets (bursts) à un débit plus élevé, ce qui permet de couper la batterie entre les salves (bursts) de données et donc d'économiser jusqu'à 90% d'énergie. Le découpage temporel simplifie également le handover pendant les phases de coupure.

La figure 10 illustre la fonction de découpage du temps en DVB-H à l'aide d'un exemple. Le découpage du temps permet d'économiser beaucoup d'énergie dans le récepteur par rapport à la consommation d'un récepteur DVB-T.

La figure 10 représente le flux de données dans une voie DVB-T en fonction du temps. On suppose que les trois quarts environ du débit de données DVB-T sont attribués à trois programmes TV. Les 3,2 Mbits/s restants servent aux services DVB-H. Contrairement aux programmes TV, qui nécessitent un flux de données continu, la capacité DVB-H est divisée en huit services individuels qui occupent chacun ce qu'on appelle une « tranche de temps» en terminologie DVB-H.

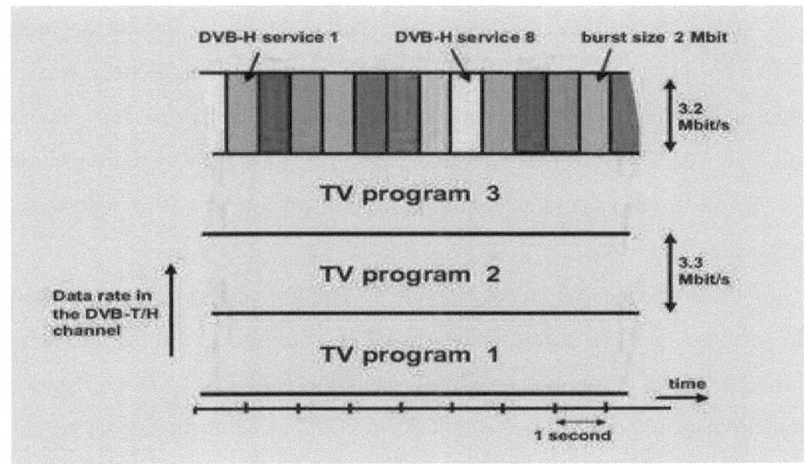

Figure 10 : Découpage possible de la capacité d'une voie DVB-T entre trois programmes TV et huit autres services DVB-H [3]

Donc, avec la DVB-H, le multiplexage de services est réalisé dans un multiplex réparti uniquement dans le temps.

Le multiplexage de plusieurs services débouche à nouveau sur un flux continu de données au débit constant transmis de manière ininterrompue. Ce type de signal peut être reçu de manière sélective d'un point de vue temporel : le terminal se synchronise sur les salves de données du service souhaité mais passe en mode économie d'énergie quand d'autres services sont transmis. Le créneau d'économie d'énergie entre les salves, par rapport au créneau d'activité incontournable pour la réception d'un service individuel, permet une mesure directe du gain en énergie fourni par la DVB-H. Cette technique s'appelle le découpage temporel.

Les salves détectées par le récepteur sont mises en mémoire tampon puis lues au débit binaire du service. La quantité de données (c'est-à-dire la durée du signal) contenues dans une salve doit être suffisante pour couvrir la période en économies d'énergie du frontal. La position des salves est signalée en termes de délai relatif entre deux salves consécutives du même service.

Dans la pratique, la durée d'une salve est de l'ordre de quelques centaines de millisecondes tandis que l'économie d'énergie peut être de plusieurs secondes. Il faut tenir compte aussi d'un délai (en général inférieur à 250 ms) pour la mise sous tension du frontal, sa synchronisation, etc. Selon le ratio activité/économie, le gain obtenu peut être supérieur à 90%.

Le découpage temporel requiert un nombre suffisamment important de services dans le multiplex et un débit minimum pour les salves de données afin d'offrir une économie d'énergie efficace. Concrètement, la consommation d'énergie du frontal correspond au débit binaire du service sélectionné.

Le découpage temporel présente un autre avantage pour l'architecture du terminal. Les périodes relativement longues d'économie d'énergie peuvent être utilisées pour rechercher des voies dans les cellules adjacentes qui offrent le même service. Le passage à une autre voie, totalement transparent pour l'utilisateur, peut dès lors être effectué à la limite entre deux cellules. La surveillance des services dans les cellules adjacentes et la réception des données associées au service sélectionné peuvent être effectuées avec le même frontal.

2-2-3 *Interfaçage IP et FEC*

Contrairement à d'autres systèmes DVB, qui reposent sur le flux de transport DVB basé sur la norme MPEG-2, le système DVB-H est basé sur IP (Protocole Internet). En conséquence, l'interface en bande de base DVB-H est une interface IP. Elle permet de combiner le système DVB-H à d'autres réseaux IP. Cette modularité est une des caractéristiques du système Datacast IP que la DVB a intégré dès l'été 2005.

Néanmoins, la couche de base utilise toujours le flux de transport MPEG-2. Les données IP sont incrustées dans le flux de transport par le biais de la MPE (encapsulation multiprotocole), qui est un protocole d'adaptation défini dans la spécification DVB pour diffusion de données.

Au niveau de la MPE, une phase supplémentaire de correction d'erreur directe (FEC) a été intégrée. Cette technique, appelée MPE-FEC, est la deuxième grande innovation de la DVB-H après le découpage temporel. La MPE-FEC vient en complément de la correction d'erreur directe spécifique à la couche physique de la norme DVB-T sous-jacente. L'objectif consiste à assouplir les critères liés au rapport signal/porteuse pour la réception de poche. Le traitement MPE-FEC intervient sur la couche de liaison au niveau des flux IP entrants avant l'encapsulation MPE. La MPE-FEC, la MPE et le découpage temporel ont été définis conjointement et directement adaptés l'un à l'autre. Les trois éléments réunis constituent le codec DVB-H qui contient la fonctionnalité essentielle de la DVB-H (figure 11).

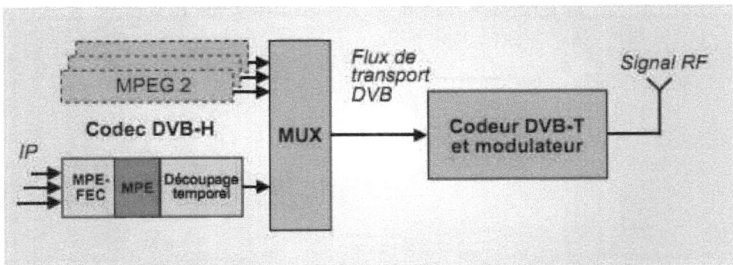

Figure 11 : Principe du codec et de l'émetteur DVB-H [5]

Les flux IP individuels de base fournis par différentes sources sont multiplexés selon la méthode du découpage temporel. La protection contre les erreurs est calculée séparément pour chaque flux puis les paquets IP sont encapsulés et incrustés dans le flux de transport. Toutes les données pertinentes sont traitées en aval de l'interface du flux de transport afin de garantir la compatibilité avec le réseau DVB-T.

L'analyse des détails du traitement permet de constater que le nouveau schéma MPE-FEC est constitué d'un code RS (Reed-Solomon) et d'un entrelacement des blocs.

Le codeur MPE-FEC crée une structure de trames spécifiques, la trame FEC, qui incorpore les données entrantes du codec DVB-H (figure 12).

La trame FEC est composée d'un maximum de 1024 lignes et d'un nombre constant de 255 colonnes. Chaque cellule correspond à un octet et la taille maximale de la trame étant d'environ 2 Mbit, elle peut être divisée en deux :

- la table des données d'application à gauche (191 colonnes)
- la table des données RS à droite (64 colonnes).

La première table contient les paquets IP du service à protéger. Une fois le code RS(255,191) appliqué ligne par ligne aux données d'application, la table des données RS contient les octets de parité du code RS.

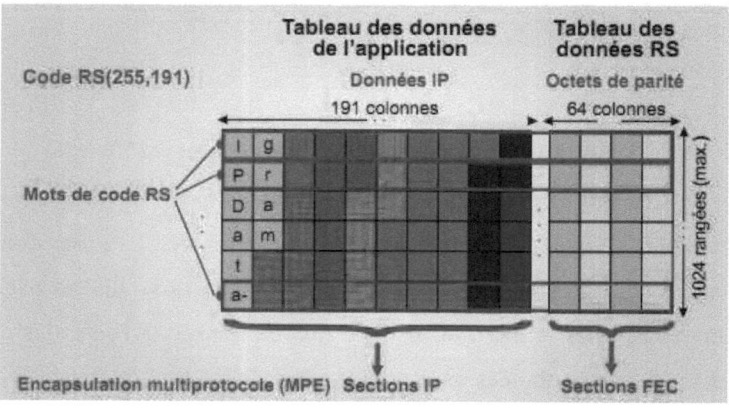

Figure 12 : La structure de trame MPE-FEC [5]

Après le codage, les paquets IP sont traités en sortie de la table de données d'application et encapsulés dans des sections IP conformément à la méthode classique de la MPE. Ces données d'application sont suivies des données de parité qui sont lues en sortie de la table des données RS colonne par colonne et encapsulées dans des sections FEC distinctes. La structure de trames FEC contient également un effet d'entrelacement par blocs « virtuel » en plus du codage.

Toute écriture dans la trame FEC ainsi que toute lecture sont réalisées colonne par colonne tandis que le codage est appliqué ligne par ligne. La MPE-FEC est directement liée au découpage temporel. Les deux techniques sont appliquées au flux de base de sorte qu'une salve contient précisément le contenu d'une trame FEC. Il est dès lors possible de réutiliser la mémoire dans les circuits du récepteur. La séparation des données IP et des données de parité de chaque salve rend le décodage MPE-FEC dans le récepteur facultatif puisque les données d'application peuvent être utilisées en ignorant la parité.

2-2-4 Extension de la couche physique

La signalisation des paramètres des flux DVB-H de base dans le multiplex utilise une extension de la voie TPS (Transmission Parameter Signalling) qui émane de la norme DVB-T. La TPS crée une voie d'information réservée qui transmet des paramètres de réglage au récepteur. Les nouveaux éléments de la voie TPS fournissent l'information indiquant les flux DVB-H de base disponibles dans le multiplex et la protection MPE-FEC utilisée dans au moins un de ces flux. Les modes de transmission physique supplémentaires sont également signalés dans la voie TPS. Enfin, la diffusion de l'identificateur de cellule, qui est un élément facultatif de la DVB-T, est obligatoire pour la DVB-H. Cet identificateur simplifie la découverte des cellules réseau adjacentes dans lesquelles le même service est disponible. La transmission DVB-H peut recourir à un mode OFDM ne faisant pas partie de la spécification DVB-T. La DVB-T fournit déjà un mode 2k et 8k pour une prise en charge optimale des différents types de réseau. La DVB-H permet d'utiliser en plus un mode 4K créé par une transformée de Fourier inverse discrète (IDFT) sur 4 096 points dans le modulateur OFDM.

Le mode 4k offre un nouveau degré de souplesse dans la planification réseau. Comme il ne fait pas partie de la DVB-T, il ne peut être utilisé que sur les réseaux DVB-H. En relation avec ces trois modes, plusieurs schémas d'entrelacement des symboles sont définis (figure13). Un terminal DVB-H compatible avec la spécification prend en charge le mode 8k et incorpore en conséquence un entrelaceur de symbole 8k. Il est donc naturel de vouloir utiliser la mémoire relativement importante de cet entrelaceur dans les trois modes réseau.

L'entrelaceur de symbole 8k dans le terminal peut traiter les données transmises sur un symbole OFDM 8k complet ou, alternativement, les données transmises sur deux symboles OFDM 4k ou sur quatre symboles OFDM 2k.

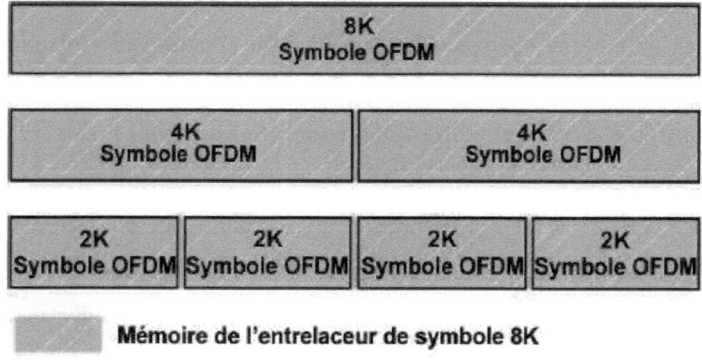

Mémoire de l'entrelaceur de symbole 8K

Figure 13: Entrelacement en profondeur des symboles OFDM [2]

Le nouveau schéma utilise la mémoire disponible et permet une profondeur d'entrelacement accrue pour les modes 2k et 4k ainsi qu'une amélioration des performances. Si la totalité de la mémoire disponible est utilisée, la méthode est appelée entrelacement en profondeur tandis que l'utilisation d'entrelaceurs spécifiques à chaque mode est appelée entrelacement natif. La DVB-H a été spécifiée non seulement pour les largeurs de bande utilisées en TV mais aussi pour une largeur de bande de 5 MHz. La norme DVB-T décrit des solutions pour les trois largeurs utilisées dans le monde (6, 7 et 8 MHz) qui sont également prises en charge dans la DVB-H. La solution axée sur la bande de 5 MHz permet d'utiliser aussi cette norme en dehors des bandes de radiodiffusion classiques.

2-2-5 Protocoles spécifiques de la DVB-H

Au dessus des couches de transport physiques est implémenté le protocole IP, au dessus duquel se trouve la couche UDP (User Datagram Protocol).

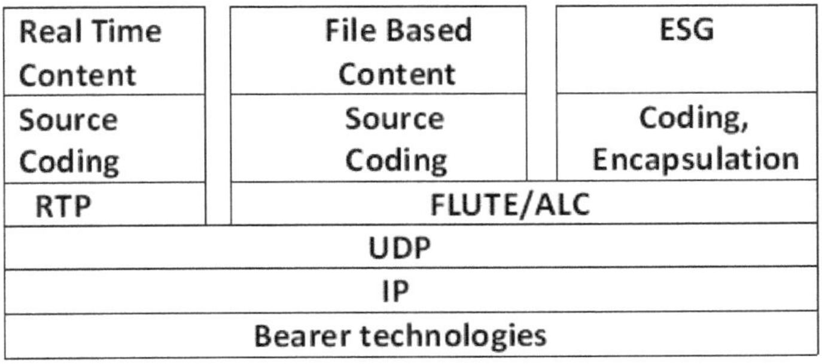

Real Time Content	File Based Content	ESG
Source Coding	Source Coding	Coding, Encapsulation
RTP	FLUTE/ALC	
UDP		
IP		
Bearer technologies		

Figure 14 : Pile de protocoles DVB-H [4]

a- Le protocole UDP

UDP offre un service minimal permettant de délivrer des paquets de données IP d'une source vers une destination. Il permet également la diffusion de paquets émis par une source vers une multitude de destinataires (multicast en anglais). C'est un protocole simple mais qui ne contient pas de mécanisme assurant qu'un paquet émis arrive à destination. Sa simplicité et sa rapidité le rendent particulièrement adapté à la diffusion de données en temps réel. D'autre part il n'implique pas, contrairement à

TCP (*Transmission Control Protocol*) d'échanges d'acquittements entre la destination et la source. Cette propriété le rend bien adapté aux réseaux de diffusion monodirectionnels.

Le paquet UDP est encapsulé dans un datagramme IP. L'en-tête est suivi des données à transporter.

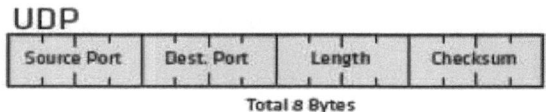

Figure 15 : Structure du paquet UDP [4]

Au dessus des trois couches (physique, UDP, IP) vont être implémentés différents protocoles de diffusion de données en fonction du type de données. Pour les données de type temps réels comme la vidéo ou l'audio d'un service, ces données sont encodées puis diffusées via le protocole RTP (*Real Time transport Protocol*). En ce qui concerne la diffusion de données de type fichiers comme, par exemple les mises à jours logicielles à destination du terminal, les protocoles FLUTE/ALC (*File Delivery over Unidirectional Transport/ Asynchronous Layered Coding*), sont utilisés.

b- Protocole RTP

Le protocole RTP (*Real Time transport Protocol*) contrôle les flux vidéo ou audio dans les applications en temps réel.

Le protocole RTP se situe au niveau de la couche application, son rôle est d'indiquer (à l'aide d'une numérotation) l'instant d'émission du paquet à la source. Ce qui permet à l'arrivée d'ordonner les paquets dans le bon ordre.

Il permet aussi :

- D'identifier le type d'information.

- D'ajouter des numéros de séquences aux paquets.

V 2bit	P 1bit	X 1bit	CC 4bit	M 1bit	PT 7bit	N° de séquence 2 octets	Timestamp (horodat-age) 4 octets	SSRC (source de synchronisa-tion) 4 octets	CSRC (sources contri-buantes) 4 octets

Total 12 Bytes

Figure 16 : Structure d'un paquet RTP [4]

c- Protocoles FLUTE/ALC

FLUTE (File Delivery over Unidirectional Transport) est un protocole unidirectionnel, fiable, de diffusion de données à grande échelle, baptisé ALC qui permet d'éviter les problèmes de perte de données : les données sont envoyées de façon redondante, jusqu'à ce que l'utilisateur mette fin à la réception lorsqu'il a reçu la totalité des données. Il exploite au mieux ALC pour fournir un service de diffusion de fichiers (en particulier de « gros » fichiers). Il définit aussi les mécanismes nécessaires à l'acheminement des fichiers, au transport des métadonnées (informations relatives aux données comme le nom, la taille, l'encodage, etc.) et à la mise en place de filtres chez les récepteurs.

3-Présentation de la technologie DVB-SH

3-1- Présentation du système DVB-SH

Le DVB-SH est une norme qui a été approuvée par le DVB Project en février 2007. C'est une technologie radio conçue pour diffuser des services en direction de terminaux mobiles via un réseau hybride constitué d'antennes terrestres et d'un satellite. Le réseau terrestre a pour objectif d'assurer une bonne qualité de réception dans les agglomérations, alors que le satellite pourra couvrir aisément le reste du territoire.

Le DVB-SH est directement issue de la norme DVB-H, conservant ainsi ses technologies à savoir la modulation OFDM, le découpage temporel, et l'encapsulation IP, et faisant appel à une diffusion en bande S (2,2 GHz) utilisée pour les communications satellites. Les modifications principales permettent d'améliorer la qualité de réception en utilisant des codecs plus efficaces (turbo codes), ceux-ci permettent un codage plus rapide et un plus grand temps d'entrelacement sur la couche physique. Une version améliorée de l'entrelacement temporel permet aussi d'atteindre des entrelacements de plusieurs centaines de millisecondes.

L'usage de turbo codes et d'un meilleur entrelacement permet d'améliorer les capacités des porteuses et de leur portée, ainsi qu'une plus grande robustesse aux erreurs adaptée aux conditions de réception mobiles.

Les répéteurs urbains retransmettent les programmes satellite sur la même fréquence et permettent de porter la réception jusqu'à l'intérieur des bâtiments. Pour augmenter l'efficacité du système, les répéteurs peuvent "déborder" en émettant sur des fréquences adjacentes. Ces émetteurs sont conçus pour coexister avec les BSS 2G et 3G existantes, partageant leur antenne et facilitant ainsi leur déploiement.

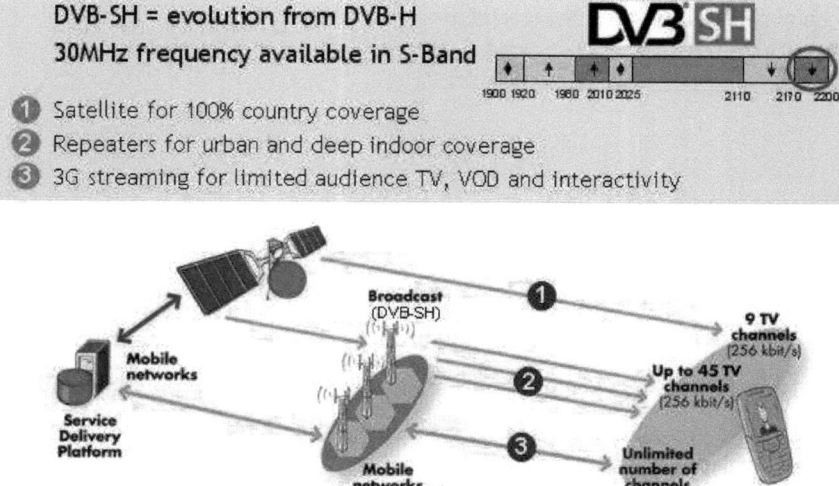

Figure 17 : Le système de diffusion DVB-SH [8]

3-2 Bande de fréquence et modulation

L'utilisation de technologies adaptées à l'émission depuis l'espace (satellite avec de grandes antennes, forte puissance d'émission, etc.) permet la réception du DVB-SH directement par les périphériques mobiles. La bande de fréquence de 2GHz utilisée permet une souplesse dans le design des appareils, la moitié de la taille de l'onde (6.5cm) étant compatible avec la taille appareils.

Les puces assurant le traitement du signal DVB-H ont été modifiées pour prendre en compte les paramètres spécifiques du DVB-SH sur la S-Band (turbo code, entrelacement temporel) en complément du DVB-H sur UHF. Ce modèle permet d'introduire une diversité dans les méthodes de réception permettant ainsi une réduction des coûts d'infrastructure.

S-Band as a complement to UHF
- S-Band to provide:
-Geographical coverage complement
-Additional channels (including local)
-Easy and economical solution for indoor
- UHF multiplex simulcast in S-Band

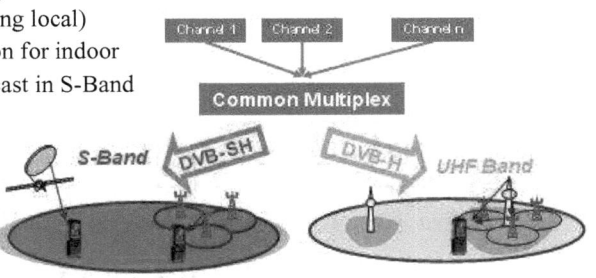

Figure 18 : La complémentarité entre la bande S et l'UHF [8]

Comme dit précédemment, le système hybride terrestre et satellite fera usage de la bande S (2170-2200 MHz), plage de fréquence attribuée depuis 1992 au « Mobile Satellite Service ». Cette fréquence est adjacente aux fréquences utilisées par la technologie UMTS. Cette proximité permet d'envisager une intégration simple des répéteurs terrestres sur les sites de téléphonie existants. Les câbles et systèmes aériens pouvant être réutilisés, donc dans la majorité des cas les répéteurs peuvent être installés sur les infrastructures UMTS.

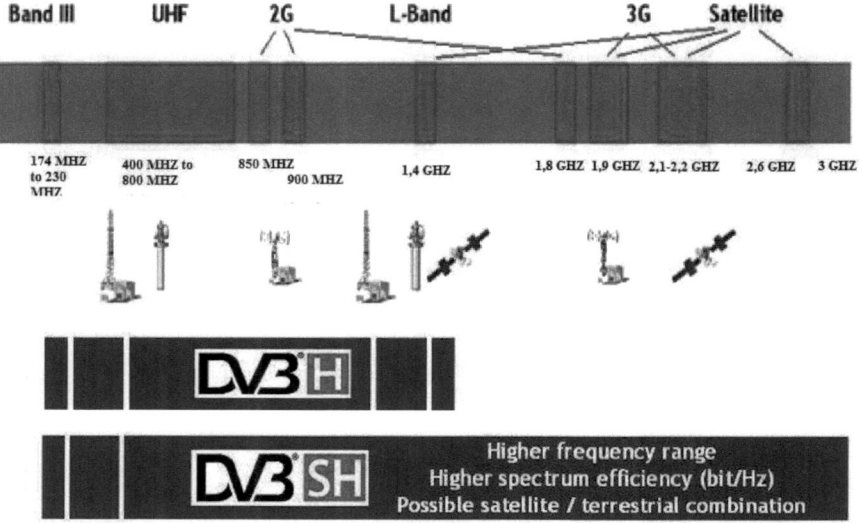

Figure 19 : Les plages de fréquences attribuées au DVB-H et au DVB-SH [8]

Le DVB-SH permet d'utiliser des modulations OFDM 2K, 4K et 8K avec des signaux 5, 6, 7 ou 8MHz. La référence de configuration pour une utilisation en bande S est une largeur de bande de 5MHz et une utilisation du mode 2K pour améliorer les performances vis à vis de l'effet Doppler.

Si par exemple une infrastructure de diffusion mobile utilise 15MHz sur les 30MHz qu'elle a à sa disposition. Ces 15MHz sont divisés en trois porteuses, chacune utilisant 5MHz de largeur de bande. Pour un lieu de réception donné, le réseau de répéteurs terrestre peut transmettre jusqu'à 3 de ces porteuses de 5MHz, une de ces porteuses étant également transmises par satellite. Un terminal peut recevoir une porteuse de 5MHz directement depuis le satellite et / ou depuis le réseau terrestre. Deux porteuses supplémentaires peuvent être reçues, mais uniquement dans la zone de couverture du réseau de répéteurs.

La capacité totale du système sur 3 porteuses se situe entre 6.9Mbit/s et 11.5Mbit/s permettant la diffusion de 27 à 45 chaînes encodées à 256 Kbit/s.

4- Conclusion

L'étude de la technologie DVB-T parait essentielle à la compréhension du système DVB-H car ce dernier lui est dérivé, sauf qu'il tient compte des propriétés spécifiques des terminaux portables, petits, légers et alimentés par une batterie. En effet, le DVB-H, conçu pour un usage personnel, doit résoudre plusieurs contraintes, à savoir, la durée limitée de l'autonomie de la batterie du récepteur, l'effet Doppler en cas de déplacement à vitesse variable et la possibilité de changer de cellules de réception. A cet effet, le DVB-H ajoute aux mêmes couches 1 et 2 utilisées par le DVB-T des spécificités propres. Sur la couche liaison, sont mis en œuvre un entrelacement des bits dans le temps (découpage temporel) pour l'envoi des informations utiles en rafales afin d'épargner la batterie et de faciliter le changement de cellules, ainsi qu'un code correcteur d'erreur MPE-FEC. Sur la couche physique, sont aménagées des fonctions propres à assurer l'immunité relative aux bruits impulsifs et à l'effet Doppler (entrelacements des symboles en mode 2K et 4K) avec le protocole IPDC (IP data casting). Bien que, ces dernières années, et dans de nombreux pays, il a été remarqué que la technologie DVB-H commence à céder la place au système DVB-SH qui permet la diffusion sur mobiles des services télévisés via satellite, afin de pouvoir profiter aussi des émissions internationales.

Chapitre 2

Etude des standards DVB-IPDC et OMA-BCAST

1- Etude du standard DVB-IPDC

1-1 Introduction

La norme DVB-IPDC (digital video broadcasting – internet protocol data casting) a été publiée par ETSI en mai 2006, elle peut être considérée comme le composant essentiel pour le déploiement des services de la TV sur le cellulaire basé sur le protocole internet. Autrement dit, les spécifications « IPDC over DVB-H » décrivent un ensemble de composants qui visent à permettre le déploiement d'une offre commerciale de télévision mobile basée sur le protocole internet (IP).

En effet, il est probable qu'une telle offre aura tout intérêt à tirer avantage des possibilités de communication symétrique bidirectionnelle et du système avancé de facturation offert par les réseaux de téléphonie mobile. Dans cette optique, DVB-IPDC définit un système hybride combinant un réseau de radiodiffusion unidirectionnelle adapté à la télévision numérique mobile et un réseau de communication mobile bidirectionnel de type GPRS ou UMTS.

DVB-IPDC a été initialement développé pour être utilisé avec DVB-H au niveau de la couche physique, mais il est maintenant prévu que le système soit utilisé avec d'autres systèmes DVB de télévision numérique mobile tel que le DVB-SH, et même d'une manière générale comme couche supérieure de tout système à base d'IP.

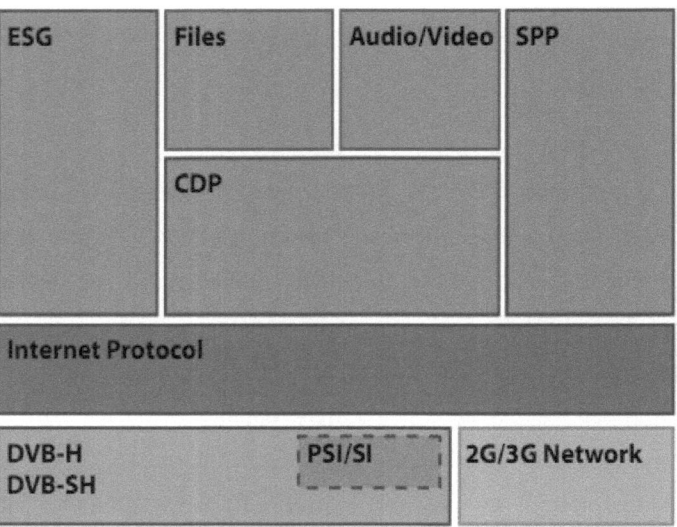

Figure 20: Pile de protocole simplifiée du DVB-IPDC [6]

Comme la montre la figure ci-dessus, le système IPDC comprend les fonctions suivantes :

- ESG (Electronic Service Guide): définit le format, la structure et le transport de l'ESG, qui permet aux utilisateurs de choisir les services qu'ils veulent et de trouver le contenu stocké dans le récepteur.
- CDP (Content Delivery Protocols): définit un nombre de protocoles pour les flux de données délivrés par les services, qui peut être utilisés, par exemple, pour un flux audio ou vidéo, ou pour envoyer le contenu pour être stocké sur le périphérique.
- SPP (Service Purchase and Protection): définit le mécanisme de cryptage qui peut être utilisé pour la protection du contenu, ainsi que la signalisation que le récepteur utilise pour identifier la manière de protection des services.
- PSI/SI (Program Specific Information/Service Information): il garantit que la signalisation utilisée dans les réseaux IPDC soit cohérente et interopérable pour offrir un bon support à la mobilité. il définie les tables PSI et les données SI auxquelles un récepteur

DVB-IPDC peut s'attendre pour être compatible avec le signal DVB-H reçu.

1-2 L'architecture de référence du datacast IP

Dans le but d'exploiter la convergence entre les réseaux de diffusion de contenus, que l'on peut qualifier de classiques, comme ceux basés sur DVB et les réseaux de téléphonie mobile en plein développement, une architecture de diffusion de services numériques est proposée. Cette architecture, développée dans le cadre de DVB porte le nom d'IPDC (IP DataCast). Cette technologie permet de diffuser des services pouvant tirer partie de différents types de réseaux à destination de terminaux dotés de plusieurs moyens de connexion.

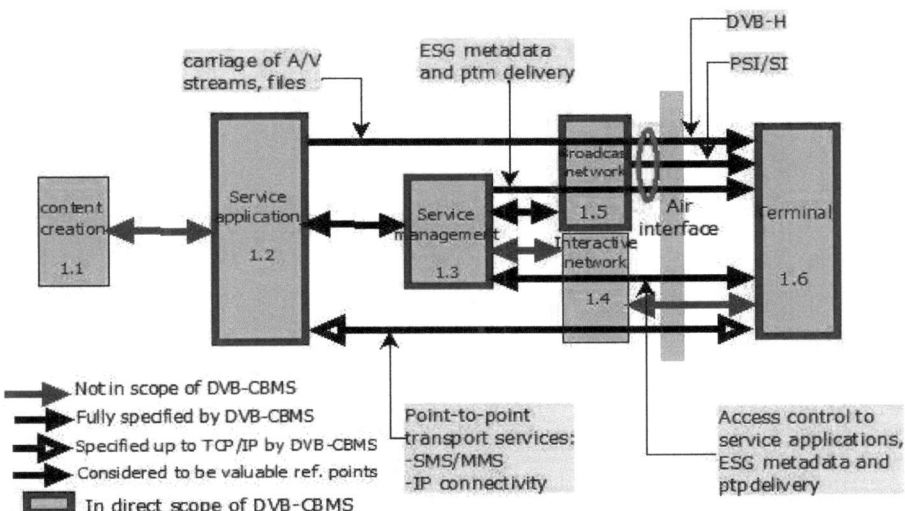

Figure 21 : Architecture de référence IPDC adoptée par le groupe de convergence CBMS [3]

La figure ci-dessus représente l'architecture de référence du Datacast IP. Le cadre 1.1 représente la création du contenu qui doit être délivré au terminal 1.6 de façon à permettre une vraie convergence de réseau, il doit être possible de diffuser le contenu via plusieurs réseaux de communications différents. Ces réseaux peuvent être un réseau de diffusion (1.5) de type DVB-H diffusant du contenu DVB via le réseau hertzien à destination de terminaux mobiles ou encore un réseau de téléphonie mobile (1.4) utilisant une communication GSM/GPRS/UMTS. Ce réseau de téléphonie est dit interactif car il est bidirectionnel contrairement au réseau de diffusion qui, lui, ne permet le transfert de données que du créateur de contenu vers le terminal. Pour gérer cette diversité des réseaux de transport, il introduit une application de service 1.2 qui fournit un lien logique entre le fournisseur de contenu et le terminal. Cette application de service offre un guide électronique de service ESG à l'utilisateur qui peut sélectionner les services qu'il désire consulter indépendamment du réseau de transport servant à leur diffusion. Le gestionnaire de service 1.3 est chargé d'allouer les ressources nécessaires sur les différents réseaux de transport. Il peut également se charger de la facturation des services en collaboration avec l'application de service.

1-3 Architecture logicielle du Datacast IP

1-3-1 Diffusion des contenus audio/vidéo

La figure 22 représente l'architecture logicielle simplifiée du *Datacast IP*. Au dessus des couches de transport physique est implémenté le protocole IP. Au dessus d'IP se trouve la couche UDP (*User Datagram Protocol*). Le protocole UDP offre un service minimal permettant de délivrer des paquets de données IP d'une source vers une destination. Il permet également la diffusion de paquets émis par une source vers une multitude de destinataires (multicast). C'est un protocole simple mais qui ne contient pas de mécanisme assurant qu'un paquet émis arrive à sa destination. Sa simplicité et sa rapidité le rendent particulièrement adapté à la diffusion de données en temps réel. D'autre part, il n'implique pas, au contraire du TCP, d'échanges d'acquittements entre la destination et la source. Cette propriété le rend bien adapté aux réseaux de diffusion monodirectionnels.

Figure 22 : Architecture logicielle simplifiée de l'IPDC [3]

Au-dessus de ces trois couches vont être implémentés différents protocoles de diffusion de données en fonction du type de données. Pour les données de types temps réels comme la vidéo et l'audio d'un service, ces données sont encodées puis diffusées via le protocole RTP. Il est possible de dire à quel moment l'application assure l'insertion des paquets RTP. Une application de type JAVA peut être incluse par exemple dans le guide ESG XML avec un tag. Il suffit alors d'exécuter l'application JAVA avec la méthode spécifiée. L'application attend les paquets RTP qui lui sont spécifiques et peut être ainsi déclenchée sélectivement. Un module de chargement d'application prévu dans le terminal permet d'acheminer les paquets RTP spécifiques à la dite application.

Le canal, transmettant les paquets RTP sur un port spécifique, fait la liaison entre le temps, les données audio et vidéo et l'information additionnelle. Le paquet RTP permet de signifier, via une méthode, le besoin ou non de déclencher l'application d'une manière déterminée. La méthode spécifiée via le paquet RTP exécute l'application JAVA avec les paramètres d'entrée et de sortie spécifiés par des données auxiliaires SDP de l'ESG qui correspondent à l'événement diffusé.

Nous comprenons donc que l'insertion de l'information contenant le descriptif de comportement est précédée d'une étape de désignation du port de type UDP prévu pour ce descriptif comportemental. Ce port est indiqué sur les fragments XML, par un numéro unique au sein d'une adresse IP connu par le guide ESG. Une étape de description du port de type UDP peut être prévue et la description est alors formulée avec au moins un fichier de type SDP. L'accès à un fichier SDP se fait via le guide ESG qui se sert d'un descripteur pour accrocher le fichier SDP dans une table PSI/SI.

De façon alternative, la description du port de type UDP peut aussi être formulé par un guide ESG agencé pour faire référence à au moins un fichier de type SDP. Une formulation de cette description, par un guide ESG faisant référence à au moins une syntaxe d'un fichier de type SDP, est également une solution pour permettre la prise en compte du port de type UDP.

1-3-2 Diffusion des fichiers

En ce qui concerne la diffusion de données de type fichiers comme, par exemple, des mises à jour logicielles à destination du terminal, les protocoles FLUTE/ALC, définis dans les RFC (*Request For Comments*) numérotées de 3926 et 3450, sont utilisés. Ces protocoles offrent la possibilité de créer des sessions permettant la diffusion de gros fichiers de données entre une source et une multitude de destinations. Ces protocoles sont basés sur la diffusion IP multipoint (multicast). Pour l'application de diffusion de fichier, le simple transfert d'objets n'est pas suffisant.

Le protocole FLUTE apporte un mécanisme de signalisation permettant de faire correspondre des propriétés de fichiers aux concepts du protocole ALC d'une façon qui permet au récepteur d'assigner ces propriétés aux objets reçus.

Le protocole ALC, quant à lui, fournit un protocole de diffusion de données robuste massivement dimensionnable. Cette notion de « massivement dimensionnable », dans ce contexte, signifie que le nombre de récepteurs TV-IP simultanés de la diffusion peut s'échelonner de l'unité à plusieurs millions et il est illimité pour les récepteurs TV-IPDC diffusés sur le canal DVB-H, et quand la taille des objets diffusés peut s'échelonner de quelques kilo-octets à plusieurs centaines de giga-octets, chaque récepteur pouvant initier la réception d'un objet de manière asynchrone.

Pour pouvoir recevoir une session FLUTE/ALC, un récepteur doit connaître les paramètres de transport associés à cette session. Ces paramètres nécessaires à la réception d'une session sont les suivants :

- L'adresse source IP ;
- Le nombre de canaux dans la session ;
- L'adresse de destination et le port pour chaque canal de la session ;
- L'identifiant de session de transport (TSI) associé à la session.

La découverte des services disponibles dans le cadre du datacast IP s'effectue via un guide de service électronique ESG qui contient l'information relative aux services disponibles. Grâce à ces informations, l'utilisateur peut sélectionner les services qui l'intéressent et y accéder depuis son terminal. Les opérations relatives à l'ESG prennent place après que le récepteur DVB-H ait démarré et que le terminal soit synchronisé à un flux de transport transportant des services IPDC. L'utilisateur peut sélectionner un service spécifique grâce aux informations fournies par une application d'ESG. L'ESG fournit alors les informations nécessaires au terminal pour localiser et se connecter au flux IP dans le flux transportant DVB-H.

1-4 L'ESG *(Electronic Service Guide)*

1-4-1 Définition

La norme DVB définit un guide électronique de services appelé ESG *(Electronic Service Guide)*. Ce guide électronique de services contient des informations relatives aux programmes disponibles. Il est une solution logicielle résidente dans les terminaux de télévision mobile qui permet de guider les abonnées pour qu'ils accèdent, regardent, consomment et interagissent avec le contenu diffusé. En d'autres termes, le guide de services est le point d'entrée de la télévision mobile personnelle diffusée, mettant en valeur le contenu auprès des utilisateurs. Il permet des fonctions aussi basiques que le zapping, par exemple. L'ESG intègre un protocole de transport de données, FLUTE, qui permet de distinguer tous types de données (données d'ESG et données associées, fichiers audio, vidéos, etc.).

Le guide ESG est actuellement disponible pour deux standards : le standard dit IPDC du DVB et le standard BCAST de l'OMA (Open Mobile Alliance), une association des principaux fournisseurs de produits et de services dans le domaine de la radiocommunication mobile. Les ESG des deux standards ont tous deux pour principale mission de référencer les programmes qui ont des spécificités différentes du point de vue de leurs fonctions complémentaires.

1-4-2 ESG IPDC

La spécification ESG IPDC couvre la description du modèle de données, la représentation, l'encapsulation et le transport, comme indiqué dans la figure 23. Le modèle de données ESG IPDC définit les fragments ESG utilisant le langage XML. L'encapsulation ESG est divisée en trois parties. La première représente les conteneurs ESG qui sont utilisés pour faciliter le traitement et la transmission des informations ESG d'une taille considérable,

La deuxième est celle responsable de la gestion de l'information du fragment ESG, qui facilite la gestion des fragments ESG sans regarder le contenu de ces fragments, et la troisième partie est celle du dépôt des données ESG, qui permet de faciliter l'accès rapide au contenu aléatoire des fragments ESG. L'ESG est transporté en utilisant le protocole FLUTE.

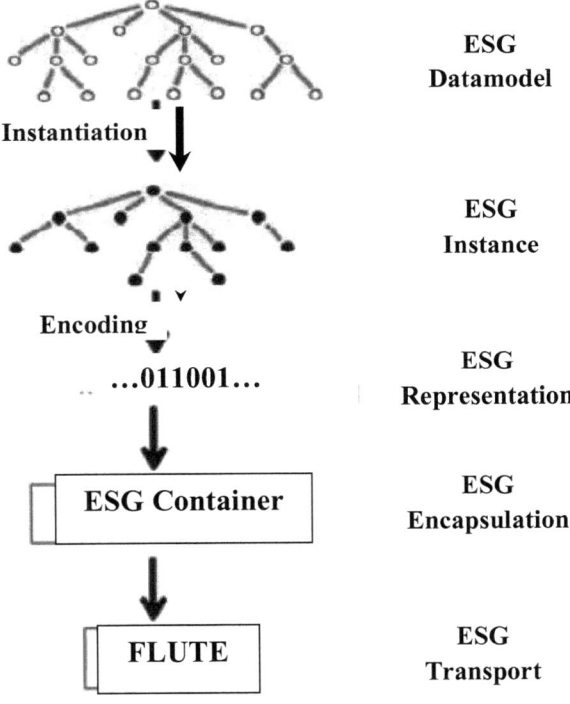

Figure 23 : Structure de spécification de l'ESG IPDC [7]

1-4-3 Le démarrage et l'acquisition des données de l'ESG

Les opérations de l'ESG ont lieu après que le récepteur DVB-H est allumé et que le terminal est synchronisé à un flux de transport réalisant des services IPDC, et elles peuvent être divisées en trois étapes principales représentées dans la figure 24.

Dans une première étape, le terminal acquiert la connaissance du ou des ESG disponibles et la façon de les obtenir. Dans une seconde étape, le terminal acquière effectivement les données d'ESG pour la première fois ou après un long temps sans connexion. Tandis que dans une troisième étape, le terminal maintient la pertinence de ces informations via des mises à jour régulières (ESG update).

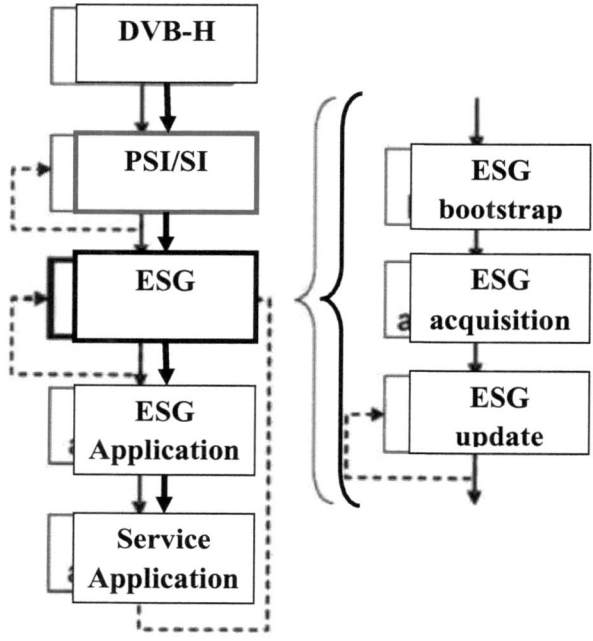

Figure 24 : Les opérations de traitement pour acquérir l'ESG [7]

La découverte des services s'organise de la manière suivante : Une fois que le terminal est connecté à un flux de transport DVB-H valide transportant des services IPDC, il est en mesure d'extraire des tables PSI/SI du flux des informations de localisation, c'est-à-dire le PID (program identifier) permettant de connaître l'adresse IP des informations d'initialisation de l'ESG (appelé ESG bootstrap information). Il peut alors télécharger ces informations d'initialisation de l'ESG qui vont lui fournir le nombre d'ESG présents sur la plateforme ainsi que les informations lui permettant de les localiser, pour ensuite passer à l'étape d'acquisition des données de ces ESG. Ces données sont organisées en fragments transmis via des sessions FLUTE. L'ESG est donc constitué d'un ensemble de données organisé en une structure complexe dont la taille devient rapidement grande, typiquement plusieurs mégaoctets de données. Une fois que le terminal s'est connecté à toutes les sessions contenant les fragments de données d'ESG, il les rassemble et ainsi l'application ESG peut les présenter à l'utilisateur. La mise à jour des données d'ESG se fait en vérifiant périodiquement que de nouvelles versions des dits fragments ne sont pas disponibles.

1-5 La signalisation PSI/SI

Au sein de la technologie DVB-IPDC, un port utilise le protocole UDP spécifique pour différencier le contenu d'un programme diffusé sur un terminal mobile et permettre la gestion du comportement d'une application sur le même terminal mobile. Le protocole UDP est très simple étant donné qu'il ne fournit pas de contrôle d'erreurs. Ce protocole est utilisé ici afin de différencier plusieurs services au sein de la même adresse IP.

Dans la couche transport, on a par exemple des paquets MPEG2-TS de 188 octets. L'ensemble de la transmission de ces paquets est cadencé à la même fréquence. Au début de chacun de ces paquets se trouve une entête MPEG2 incluant un indicateur de paquet PID qui permet au récepteur d'un terminal mobile de savoir ce qu'il faut faire d'un paquet et permettre ainsi l'interprétation du train de transport TS. Un indicateur PID permet d'identifier un canal logique, c'est à dire l'ensemble des paquets MPEG2-TS partageant le même PID sur un multiplex donné. Ces paquets constituent ainsi un même programme. Associé aux systèmes des tables d'informations, l'indicateur PID permet de repérer les différents flux et d'indiquer aux décodeurs sur quels canaux récupérer les programmes.

Il faut rappeler ici qu'il existe dans la norme MPEG2-TS plusieurs types d'indicateurs PIDs utilisés par les récepteurs classiques. L'indicateur VPID est le PID du flux vidéo, l'indicateur APID est celui du flux audio. De temps en temps, un indicateur PID PCR (program clock reference) est utilisé pour synchroniser les paquets vidéo et audio. Cependant, la plupart du temps, cette information est inclue dans le flux vidéo. Le quatrième indicateur PID est utilisé pour les données comme le guide des programmes ou comme les informations sur les autres fréquences qui composent le bouquet complet. Ce type de données est appelé « System Information » et utilise des valeurs de PID entre 0000 et 0014 (notation hexadécimale).

La première partie du train « System Information » est appelée PAT (Program Association Table). Cette partie est transmise dans le PID 0000 et contient la liste des PMTs (Program Map Table) qui font parties du flux de données. Ces tables permettent ainsi de spécifier un ou plusieurs indicateurs PID correspondant chacun à une adresse IP ou un groupe d'adresses IP. Les tables PMT à sélectionner sont renseignées, via les adresses IP disponibles dans la table INT (IP/MAC Notification Table), qui est elle-même référencée par la table NIT (Network Identification Table) ou BAT (Bouquet Association Table). Donc, pour chaque multiplex, à une fréquence donnée, cette table PAT permet de retrouver les tables PMT et à partir desquelles les tables INT se retrouvent, d'où la réception de l'ESG et le démarrage de la visualisation des programmes de la TMP.

Un abonnement peut être souscrit par l'utilisateur pour le terminal mobile de façon à ce qu'une table PAT soit fournie au terminal par un opérateur IPDC, via un serveur fournisseur de flux. Lorsque les moyens de réception IPDC du terminal mobile reçoivent les paquets de la couche de transport, ils réalisent lors d'une première étape de lecture du premier indicateur PID 0000 une interprétation de la table PAT d'association de programme. Les moyens de réception IPDC lisent les 188 octets d'un paquet et assurent le découpage du premier paquet MPEG2-TS.

L'indicateur PID 0000 qui est lu est mémorisé et interprété de façon à ce que les moyens de réception IPDC sélectionnent certains indicateurs pour dresser une liste d'indicateurs PIDs correspondant à la table PMT stipulant l'emplacement, parmi les paquets reçus, des programmes accessibles.

Naturellement, les moyens de réception IPDC doivent être considérés comme des moyens de réception permettant de recevoir la TV mobile, adaptés à un mode de transmission logiciel basé sur la technologie IPDC. Le principe de base de la technologie IPDC est de transmettre des informations en mode broadcasting. Quant à l'encapsulation, la trame IP contenant l'information est insérée dans la trame DVB-H qui est composée du protocole MPE, du protocole de correction d'erreur et du protocole de contrôle de transmission (time slicing).

Trois services sont généralement définis pour cet usage. Il s'agit de la sélection d'une information (vidéoclip, fichier audio, etc.), de la réception en direct d'une ou de plusieurs chaînes de télévision et finalement de la réception d'un ou de plusieurs fichiers.

Pour permettre une décapsulation des données, les moyens de réception IPDC du terminal mobile effectuent dans une deuxième étape la lecture de la première table PMT pour récupérer les éléments d'information nécessaire permettant de trouver le premier programme. Et une fois que la première table PMT est trouvée, via la liste des PIDs sélectionnés, il est possible d'identifier le programme lors d'une troisième étape. Pour cela, des numéros d'indicateurs PIDs sont identifiés. Les indicateurs PIDs qui correspondent aux paquets porteurs du programme à diffuser sur le terminal mobile sont identifiés et les paquets de données correspondant sont récupérés pour former une section, à partir de l'association de plusieurs paquets, dans une phase de décapsulation.

La table INT est utilisée pour signaler le flux IP et spécifier tous les indicateurs PIDs correspondants à une adresse IP ou un groupe d'adresses IP, via la numérotation de ces indicateurs PIDs. Il est donc possible grâce à cette table INT, de récupérer également les données IP contenant l'information additionnelle, dans au moins une mémoire tampon déterminée (buffer IP) du terminal. Une ou plusieurs sections peuvent être spécifiquement dédiées à la récupération du flux IP, en complément des sections servant à récupérer le flux vidéo et des sections servant à récupérer le flux audio.

Les moyens de réception IPDC du terminal utilisent les entêtes des paquets MPE pour récupérer les données IP et les router sélectivement soit vers un lecteur audio/vidéo pour les données contenant le flux audio, respectivement le flux vidéo, soit vers des briques logicielles pour les données contenant l'information additionnelle l'ESG servant à déclencher la visualisation des programmes de la TMP.

2- Etude du standard OMA-BCAST

2-1 Introduction

L'OMA BCAST (Open Mobile Alliance Mobile Broadcast Services Enabler Suite) est un standard de TV mobile mondialement reconnu qui définit un ensemble de spécifications, parmi lesquelles l'utilisation d'une carte à puce pour la protection des contenus. Cet élément demeure la plate-forme privilégiée pour la sécurisation des terminaux portables. La carte SIM spécifique pour la TV mobile assure la sécurité de bout en bout requise pour la télévision numérique mobile. Pour les opérateurs, c'est un moyen simple et reconnu de commercialiser leurs services en combinant des formules de post-paiement, prépaiement ou paiement à la séance. La capacité exclusive de la carte SIM à analyser les habitudes des téléspectateurs, comme la chaîne la plus regardée, le temps passé devant une chaîne ou les changements de chaîne, est particulièrement attractive pour les opérateurs et les fournisseurs de contenus. Le système de mesure d'audience enregistre, classe et présente ces informations précieuses pour une analyse plus approfondie. Les opérateurs disposent ainsi d'un outil indispensable pour observer et prévoir les tendances de croissance, mais également pour cerner des problèmes généralement difficiles à identifier. Même si OMA BCAST réutilise les formats vidéo et audio de codage et le protocole de diffusion de contenu (FLUTE) de l'IPDC, il propose une solution concurrente à l'IPDC, en particulier concernant l'ESG et de la protection du service

2-2 Architecture

Le modèle architectural de l'OMA BCAST contient un canal de diffusion, fourni par un système de distribution de radiodiffusion, et un canal d'interaction, fournie par un réseau d'interaction, comme un réseau cellulaire (par exemple, CDMA / GSM / GPRS / UMTS). En général, le canal de diffusion ainsi que le canal d'interaction sont disponibles. Toutefois, ils peuvent être temporairement indisponibles, par exemple en raison d'un manque de couverture radio. En outre, les dispositifs qui n'ont pas accès au canal d'interaction peuvent se trouver au sein de l'architecture et des spécifications BCAST. Toutefois, ces dispositifs peuvent avoir une fonctionnalité limitée. Les optimisations pour les appareils sans canal interactif sont facultatives pour les mettre en œuvre dans les dispositifs à canal interactif, et elles sont facultatives à utiliser. L'architecture de l'OMA BCAST implique une collection d'entités logiques sur un ensemble de points de référence. Elle combine aussi un ensemble de fonctions

intrinsèques qui facilitent conjointement les services de diffusion mobiles. Ces fonctions sont:
- Le guide de services ;
- La distribution du flux ;
- La distribution de fichiers ;
- La protection du service ;
- La protection du contenu ;
- L'interaction et les fonctions de notifications.

Ces fonctions sont situées dans les différentes entités logiques du BCAST. Le diagramme suivant illustre l'architecture fonctionnelle qui montre les relations entre les entités logiques BCAST.

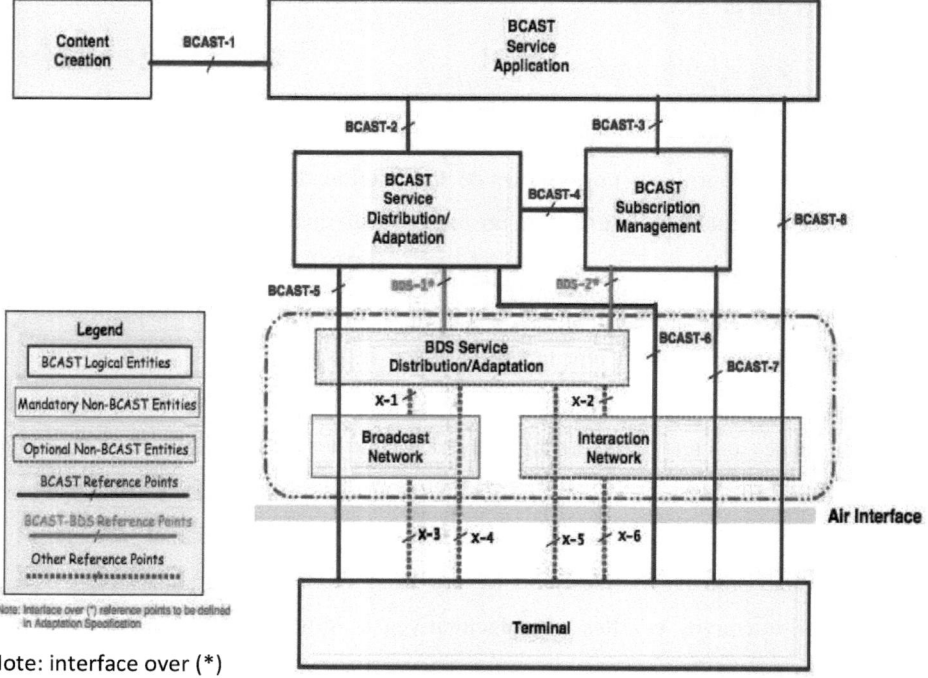

Note: interface over (*) reference points to define in Adaptation Specification

Figure 25 : Architecture fonctionnelle du BCAST [9]

2-2-1 Les entités logiques

L'OMA BCAST implique une collection d'entités logiques qui œuvrent ensemble pour réaliser les fonctions nécessaires. Le tableau suivant présente ces entités logiques.

Entité logique	Fonction
Entities in-scope of OMA BCAST	
BCAST Service Application	Représente l'application de service du BCAST, comme le streaming audio/vidéo ou le téléchargement des fichiers vidéo. elle englobe la fonctionnalité d'encodage et de l'interaction liée au service BCAST. Il fournit également les attributs de service à la gestion d'abonnement et aux services de distribution et d'adaptation BCAST. Il peut générer des informations de charge, par exemple, en fonction du tarif de l'utilisation des informations qu'il obtient de la gestion des abonnements et du créateur de contenu.
BCAST Service Distribution/Adaptation	Responsable de l'agrégation et la prestation des services BCAST, et effectue l'adaptation aux systèmes de distribution de radiodiffusion, l'agrégation de services, la protection du service et du contenu(c'est-à-dire : cryptage des données, génération de TEK, et la distribution de la clé du message de protection),la génération du Guide de service et de livraison, la remise de notification, et l'adaptation aux BDS sous-jacentes.la fonctionnalité d'adaptation à chaque BDS peut varier en fonction des BDS sous-jacentes.
BCAST Subscription Management	Responsable de la fourniture de services telle que l'abonnement et les fonctions liées aux paiements, de la mise à disposition de l'information utilisée pour la réception de service BCAST, et de la gestion du terminal BCAST. Il fournit la fonctionnalité de notification, la gestion de la protection des services, la gestion de protection du contenu, le support de génération du guide de service, et l'interaction avec le service de distribution/adaptation du BDS afin de communiquer et gérer les informations d'abonnement avec le terminal. Il peut envoyer à l'utilisateur de chargement des informations à l'application de

	service BCAST.
Terminal	Le dispositif de l'utilisateur qui reçoit le contenu diffusé, ainsi que les services qui fournissent l'information du BCAST, telle que, le guide de service, les informations de protection du contenu. Le dispositif de l'utilisateur peut supporter le canal interactif dans ce cas, il serait en mesure de communiquer directement avec le réseau sur les services disponibles.
Entities out-of-scope of OMA BCAST	
Content Creation	Source de contenu, peut fournir un soutien pour les paradigmes de livraison (par exemple, le flux des serveurs) ; fournit du matériel de base pour la description du contenu.
BDS Service Distribution/Adaptation	Responsable de la coordination et la prestation de services de radiodiffusion aux BDS pour la livraison au terminal, y compris la distribution du flux et de fichiers, et la distribution du guide des services. Elle peut également inclure la distribution des clés, gestion des abonnements de diffusion, et des fonctionnalités comptables. Le service de distribution et d'adaptation peut ne pas exister dans certains BDS. Dans ce cas il serait considéré comme une « fonction nulle ». il fonctionne avec le réseau interactif pour faire la découverte de service, service spécifique de protection du BDS et gère les autres fonctions d'interaction. Il travaille également avec le BDS pour la livraison de contenu au terminal.
Broadcast Network	Un soutien spécifique pour la distribution de contenu sur le canal de diffusion. Cela peut impliquer le même réseau radio ou un autre différent de celui utilisé par le canal interactif.

| Interaction Network | Un soutien spécifique pour le canal d'interaction. Cela peut impliquer le même réseau radio ou un autre différent de celui utilisée par le canal de diffusion. |

Tableau 1 : Description des entités logiques [9]

2-2-2 les points de référence

Les entités logiques du BCAST sont connectées via des points de référence afin de leur permettre de réaliser facilement leurs fonctions. Comme pour les entités logiques, certains de ces points de référence seront entièrement définis dans le cadre du BCAST. Le tableau suivant décrit ces points de référence :

Point de référence	Usage
Reference Points within BCAST Scope	
BCAST-1	Contenu, attributs de contenu, événements de notification, etc.
BCAST-2	Service de contenu non protégé du BCAST, les attributs de service et les attributs de contenu BCAST se rapportant au programme telles que la description, le classement et le genre.
BCAST-3	Attributs de service BCAST et les attributs de contenu se rapportant à la fourniture du service, tels que, le profil de l'utilisateur ciblé et les informations de localisation. Préférences de l'utilisateur et les informations d'abonnement, demandes de l'utilisateur, l'événement de notification et peut-être les informations de charges de
BCAST-4	Notification, guide des services, fragments (liés à l'approvisionnement, l'achat, la souscription, etc), clés des messages à long terme, clés des messages à court terme, message de gestion du terminal, etc
BCAST-5	Ce point de référence fournit la distribution du service et du contenu BCAST, des attributs de service BCAST et des attributs du contenu, des notifications, un guide du service, et du matériel de sécurité, en plus du système de distribution de radiodiffusion, ce qui peut inclure la traversée du service de distribution / adaptation BDS.

BCAST-6	Service BCAST non protégés et / ou protégées, le contenu non protégé et / ou protégé du service BCAST, les attributs de contenu et les attributs de service BCAST, la notification, le guide des services, le matériel de	
BCAST-7	Cette interface fournit la livraison de fourniture de services, des informations d'abonnement, de fourniture de terminaux, du matériel de sécurité, et l'enregistrement du périphérique sur le réseau d'interaction. Pour la livraison du matériel de sécurité, il est également applicable à des implémentations dans lesquelles le service BCAST de gestion des abonnements contient le service équivalent BDS Distribution / adaptation des fonctionnalités relatives à la transmission d'un tel matériel sur le réseau	
BCAST-8	Interaction avec l'utilisateur, et préférences de l'utilisateur	
BDS Specific Reference Points		
BDS-1	Ce point de référence est applicable uniquement lorsque la technologie sous-jacente BDS est la technologie MBMS ou BCMCS, dans laquelle la partie du service distribution / adaptation BDS relative au service de distribution et de l'adaptation n'est pas fonctionnellement intégrée dans la fonction BCAST Distribution / adaptation. Remarque: la protection du service ou la protection du contenu des flux RTP peut être utilisé par les BDS lui-même,	
BDS-2	Fourniture de services, d'information d'abonnement. La gestion des périphériques, et du matériel de sécurité. Ce point de référence est applicable lorsque la technologie sous-jacente BDS est la technologie MBMS ou BCMCS, dans laquelle la partie du service distribution / adaptation BDS se rapportant à la gestion des abonnements n'est pas fonctionnellement intégré dans la gestion des abonnements	
Reference Points out of BCAST Scope		
X-1	Point de référence entre le service Distribution/Adaptation BDS et BDS.	
X-2	Point de référence entre le service Distribution/Adaptation BDS et le réseau d'interaction.	
X-3	Point de référence entre BDS et le terminal.	
X-4	Point de référence entre le service Distribution/Adaptation BDS et le terminal sur le canal de diffusion	
X-5	Point de référence entre le service Distribution/Adaptation BDS et le terminal sur le canal d'interaction	

| X-6 | Point de référence entre le réseau d'interaction et le terminal |

Tableau 2 : Description des points de référence [9]

2-3 Les services de protection de l'OMA BCAST

Le service de protection OMA BCAST propose deux services en tant que solutions standardisées pour la protection du contenu et du service, qui sont le profil DRM (Digital Right Management) et le profil « carte à puce » (SCP). La solution DRM est basée sur l'infrastructure à clé publique fournie par la technologie OMA DRM, adaptée à la diffusion TV, et s'appuie sur un agent logiciel normalisé dans le combiné mobile. L'autre service de protection OMA BCAST, appelé profile « carte à puce », s'appuie également sur un agent logiciel normalisé dans le combiné mobile. Le profile « carte à puce » réutilise la hiérarchie à quatre couches du modèle clé de l'OSF IPDC et se différencie avec des clés secrètes stockées provisionnés sur les cartes SIM et l'interface radio interactive cellulaire pour l'authentification, l'enregistrement et l'échange des messages de clés à long termes.

2-3-1 Protection du service et du contenu

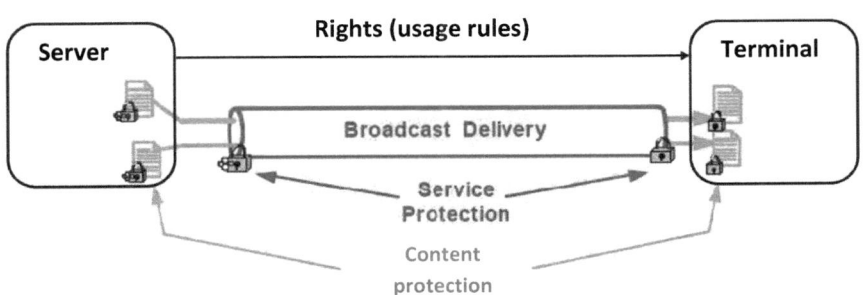

Figure 26 : Rôle de la protection du service et du contenu [9]

Pour contrôler la distribution et la consommation du contenu diffusé, le Digital Video Broadcasting (DVB) a précisé l'organisation de plusieurs normes définissant une interface commune à la fois au site de transmission et au récepteur, le brouillage des algorithmes, et les protocoles de communication. L'OMA BCAST, de son côté, a mis en place un système de protection du service et celui de protection du contenu. Ce dernier assure la protection du contenu (fichiers ou flux) pendant sa durée de vie complète, c'est à dire au moment de la livraison, de la lecture et du stockage. Pendant ce temps, la protection du service assure la protection du contrôle d'accès au contenu à la livraison. Comme cité précédemment, deux mécanismes de sécurité différents sont utilisés pour fournir une protection du service et du contenu à savoir le profil de DRM et le profile « carte à puce ». Les deux mécanismes de protection sont basés sur un modèle à quatre couches en utilisant différents systèmes de gestion de clés. Afin d'assurer une interopérabilité maximale, OMA BCAST définit une couche commune pour le chiffrement du trafic et met en œuvre les autres couches de gestion de clés en utilisant soit le profil de DRM ou le profil « carte à puce ».

2-3-2 Le profil DRM

Le profil DRM est largement reconnu comme un outil important pour la gestion des contenus à travers le réseau sans fil ou câblé. Récemment, DRM a étendu sa zone pour les systèmes de diffusion cellulaire tels que le DVB-H et l'OMA BCAST. Le profil OMA BCAST DRM est l'étendue de la technologie OMA DRM v2.0 pour l'environnement de diffusion de service.

Les systèmes DRM actuels de diffusion cellulaire ne fournissent pas de solutions efficaces pour les droits de portabilité en cas d'utilisation de la carte UIC. C'est en effet ce droit de portabilité qui donne la possibilité de bénéficier du service de diffusion en utilisant la carte UIC. Cela ne permet pas aux utilisateurs d'accéder aux services de diffusion et des contenus indépendants des terminaux spécifiques, par exemple, ceux utilisés pour l'enregistrement ou l'achat. Le profil DRM est principalement basé sur l'authentification entre le terminal et le fournisseur de services.

2-3-2 Le profil carte à puce

Avec les solutions SCP (Smart card profile), les secrets sont détenus dans un module de sécurité très robuste de la carte SIM. En outre, le fournisseur du système d'accès conditionnel prend la propriété de la sécurité pour une solution déployée. Pour ce faire, le fournisseur CAS (conditional access system) met en place une politique de sécurité autour de 3 axes majeurs, à savoir la robustesse, la conformité, et la renouvelabilité.

- Robustesse : le fournisseur CAS définit ses propres règles afin de sélectionner le matériel et les logiciels de sécurité sur lesquels il va intégrer sa propre application qui traitera les informations les plus sensibles: STKMs et LTKMs.
- Conformité: chacun des fournisseurs CAS définit son propre processus pour s'assurer que les règles de robustesse sont respectées par les fournisseurs de cartes et par sa propre équipe de développement.
- Renouvelabilité: en cas de violation de la sécurité, le vendeur est responsable du CAS pour évaluer l'atteinte à la sécurité et la conception de contre-mesure qui devra être diffusée.
- Avec une telle politique en place, les fournisseurs de services peuvent être rassurés du déploiement des produits qui ont été spécifiquement conçus pour évoluer dans un marché menacé par un grand risque de piratage.
- En effet, la spécification OMA BCAST pour le profile « carte à puce » est basée sur le système de sûreté déjà existant tel qu'il est défini dans la diffusion multimédia de 3GPP et le service de multidiffusion (MBMS). Il a été optimisé pour supporter les

réseaux DVB-H ainsi qu'un certain nombre de modèles d'abonnement différents.

- La solution de bout en bout normalisée de l'OMA BCAST pour le profil « carte à puce » comprend un serveur, un agent dispositif, et un profil OMA BCAST SCP (U) de la carte SIM. Le serveur de démarrage, étant un élément normalisé dans le réseau de téléphonie mobile, est également nécessaire afin d'assurer l'authentification mutuelle entre l'équipement d'utilisateur et le serveur SCP.

- Le profil « carte à puce », comme le montre la figure ci-dessous est un système à quatre couches :

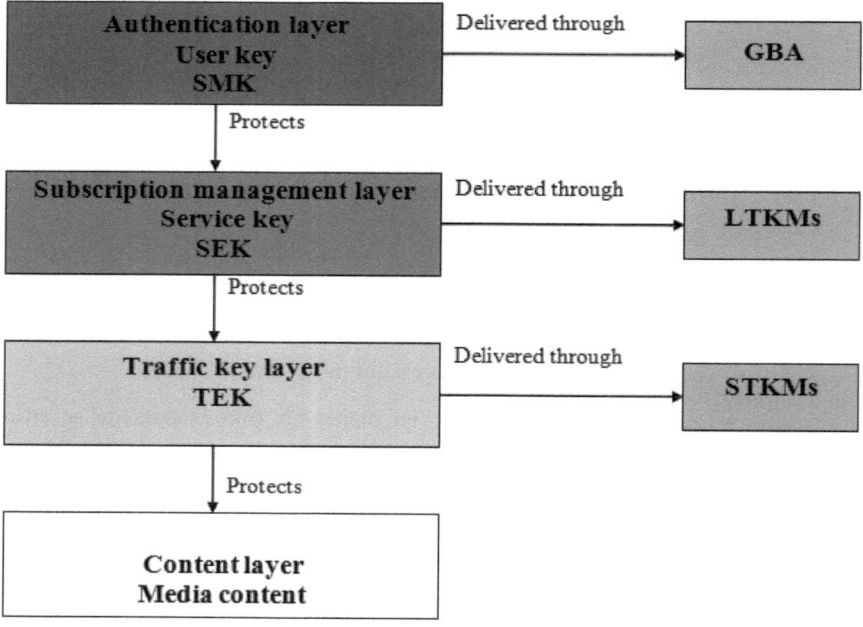

Figure 27 : L'architecture simplifiée du profil « carte à puce » [9]

La première couche met en œuvre l'étape d'enregistrement. La clé du matériel et les métadonnées acquises à partir de l'identité d'abonné (SI) ou du dispositif de la phase d'enregistrement permettront à l'abonné ou au dispositif d'être authentifié. Ils sont stockés en toute sécurité au sein d'une entité de stockage sécurisée. La clé du matériel, obtenue dans la couche 1 et utilisée pour protéger la clé de livraison à long terme dans la couche 2, est considérée comme la clé de gestion des abonnés ou des droits de la clé de cryptage en fonction du profil de gestion des clés. Quant à la couche 2, elle met en œuvre la livraison du message de la clé à long terme (LTKM) sur le canal de diffusion ou interactif. Cette couche fournit une clé de cryptage du service (SEK) ou une clé de cryptage du programme (PEK). La SEK ou PEK est une clé intermédiaire, c'est à dire, elle ne crypte pas directement le contenu, mais protège la livraison des clés de cryptage du trafic (TEKs). Pour la gestion et la protection du service des abonnements, la SEK ou PEK sera mis à jour normalement avec de plus longues crypto-période que la clé du trafic TEK. Pour la couche 3, elle met en œuvre la livraison du message de la clé à court terme (STKM) au cours de la diffusion. La clé de cryptage du trafic (TEK), chiffrée par une SEK ou PEK, ou des données nécessaires qui peuvent être utilisées pour dériver la clé du trafic, est envoyée en même temps que les identificateurs qui permettent à la clé du trafic d'être liée avec le contenu crypté. Et finalement, concernant la couche 4, elle implémente le cryptage du contenu de diffusion avec la clé de cryptage du trafic (TEK). Le chiffrement peut être effectué sur la couche réseau (IP), la couche de transport (UDP par exemple), la couche de session (par exemple, RTP) ou la couche de contenu (cryptage UA) pour le service de protection.

En résumé, le profil « carte à puce » repose sur plusieurs clés de cryptage. En effet, le contenu livré est chiffré en utilisant des méthodes de brouillages et des clés de cryptage du trafic (TEKs). Ces derniers sont envoyés dans des messages cryptés (STKMs - messages de la clé à court terme) en utilisant une clé de chiffrement de service ou de programme (SEK / PEK) via le réseau de diffusion. Selon la configuration du service, le message de la clé à long terme (LTKM) contient la SEK ou PEK, utilisée respectivement pour les clients abonnés ou ceux qui payent juste leur consommation. Ces LTKMs sont protégées par une clé de gestion des abonnés (SMK) et livrées sur le réseau mobile 3G. La SMK est stockée sur la carte SIM (U) et partagée avec le serveur d'enregistrement dans la tête du réseau. Elle est créée en utilisant l'architecture de démarrage (boostrapping) générique (GBA). Quant à la clé de la carte à puce (SCK) qui est stockée sur la carte SIM (U), c'est une clé secrète pré-approvisionnée.

2-4 L'ESG OMA BCAST

Tout comme l'ESG DVB-IPDC, l'ESG OMA BCAST est situé dans la couche application. Il est principalement basé sur deux concepts qui sont le SGDD et le SGDU. Le premier est transporté dans le canal d'annonce du guide de services et informe le terminal sur la disponibilité, les métadonnées et le groupement des fragments qui constituent le guide de services dans le processus de découverte de ce guide. Il permet aussi une identification rapide des fragments cachés dans le terminal ou qui ont été déjà transmis. Ce SGDD est surtout utile lorsque le terminal se déplace d'une zone de couverture à une autre. Dans ce cas, il permet de détecter rapidement les fragments du guide de services qui ont été reçus dans la précédente zone de couverture et qui restent valables dans la zone actuelle, pour ainsi éviter le retraitement et la ré-analyse effectués pour trouver les fragments en question. En somme, le SGDD permet au terminal de déduire les fragments auxquels il est associé à travers le fournisseur de services de diffusion mobile. Concernant l'autre concept appelé le SGDU, c'est la structure utilisée par le réseau pour encapsuler les sous-ensembles de fragments appartenant à la couche transport.

2-4-1 La découverte du guide de services sur le canal de diffusion

Lorsque le guide de services est livré à travers le canal de diffusion, le canal d'annonce du guide de services est perçu comme le point de départ. Rappelant que l'annonce du guide de services fournit toutes les informations dont les terminaux ont besoin pour récupérer le guide de services. Donc pour découvrir ce guide, les terminaux ont essentiellement besoin de localiser la session de livraison des fichiers portant le canal d'annonce du guide de services. Les paramètres d'accès de la session FLUTE représentant le canal d'annonce du guide de services sont considérés comme le point d'entrée au guide de services sur le canal de diffusion. Dans une zone de diffusion, plusieurs guides de services peuvent exister et un nombre quelconque de ceux-ci peut être fournis simultanément en utilisant le canal de diffusion. Dans un tel cas, en principe, il est de la responsabilité des BDS (Broadcast Distribution System) sous-jacentes de fournir la signalisation des points d'entrée du guide de services aux terminaux. Toutefois, si une telle signalisation n'est pas disponible ou utilisée, les paramètres suivants doivent être utilisés comme point d'entrée :

1- L'adresse IP source.
2- L'adresse IP fixe de destination multicast : 224.0.23.165 pour IPv4 ou FF0X: 0:0:0:0:0:0:132 pour IPv6.
3- Le port de destination fixe: 4090

Le terminal doit aussi supposer que:

1- Il y a au plus une session FLUTE par point d'entrée.
2- La valeur de l'identificateur de session de transport (TSI=Transport Session Identifier) peut être n'importe quelle valeur valide, et le nombre de canaux ALC / LCT dans la session FLUTE relatives à l'annonce du guide de services est fixé à 1.

Si les BDS sous-jacents prennent en charge une signalisation spécifique des points d'entrée du service, le terminal doit attendre que les BDS fournissent également une signalisation spécifique. Les lignes directrices détaillées pour une telle signalisation dans des systèmes spécifiques de distribution de radiodiffusion sont notées dans les spécifications d'adaptation BDS.

Le terminal doit soutenir la découverte initiale du guide de service sur le canal de diffusion.

2-4-2 La découverte du guide de service sur le canal d'interaction

Le point d'entrée à un guide de services sur un canal d'interaction doit être défini comme le localisateur uniforme de ressource (URL) d'un fichier contenant la description de la session de distribution des fichiers portant l'information sur l'annonce du guide de services. Cette session de distribution provient de la fonction de génération du guide de service et de la fonction de distribution de guide de service.

En quelques BDS simples, il peut y avoir de différents guides de services générés pour différentes zones de couverture de services, nécessitant un point d'entrée différent pour chaque zone de couverture.

Le terminal avec un canal d'interaction devrait soutenir la découverte du guide de services sur le canal d'interaction initial.

2-4-3 La transmission du guide de services sur le canal d'interaction

Le terminal doit obtenir des informations de découverte et envoyer la demande d'acquérir un guide de service.

Le point d'entrée à l'acquisition du guide de service sur le canal d'interaction doit être un URL qui indique l'emplacement du guide. C'est l'adresse à laquelle le terminal accède afin d'obtenir les données du guide de services sur le canal d'interaction .Il y a plusieurs façons possibles pour qu'un terminal puisse obtenir l'information du point d'entrée.

Le terminal devrait soutenir les deux moyens suivants:

1 - Les renseignements du point d'entrée sont fournis en utilisant l'approche alternative URL qui est l'élément de SGDD.

2 - Les renseignements du point d'entrée sont provisionnés au terminal via la fonction d'approvisionnement du terminal.

Concernant le deuxième cas déjà mentionné le terminal devrait supporter le paramètre « OMA-BCAST Managemnet Object ». En outre les renseignements sur le point d'entrée peuvent être fixés dans le terminal ou fournis hors de la bande par des moyens comme WAP, SMS, MMS, la Page Web, la contribution d'utilisateur, etc.

Un scénario important de l'ESG est que les différents opérateurs veulent que leurs clients reçoivent l'accès seulement à leur propre ESG. L'idée fondamentale est que le terminal reçoit la correspondance 'Provider ID ' qui correspond à l'opérateur approprié au stage de démarrage de l'ESG. Ensuite, les différents 'Provider ID ' dirigent l'accès du terminal au ESG approprié transmis de différents opérateurs.

Dans l'OMA BCAST, l'association entre les fournisseurs de service et les fragments individuels est fournie en utilisant la méthode de groupement du SGDD.

3- Comparaison des caractéristiques du DVB-IPDC et l'OMA-BCAST

Pour conclure, il est important de noter que les deux standards évoqués dans ce chapitre sont similaires quoiqu'ils présentent certaines différences au niveau de l'ESG et des normes de protection. En effet, l'ESG OMA BCAST est sensiblement différent de celui de l'IPDC à cause de sa prise en charge de plusieurs technologies de diffusion vidéo à savoir la diffusion (DVB-H), le multicast (3GPP MBMS), et le streaming unicast sur les réseaux cellulaires. Cette différence est expliquée aussi par le fait qu'il fournit sa propre distribution au cours d'une émission ou un canal interactif, par l'accès HTTP via le réseau cellulaire. Cela permet la limitation de la bande passante du multiplex de diffusion et une interface standard pour le programme et l'interactivité des données de distribution de téléphones mobiles en streaming. Concernant la protection du service et du contenu, trois normes relatives à la télévision mobile ont vu le jour à savoir le profil carte à puce (SCP) de l'OMA BCAST, le profil DRM de l'OMA BCAST ainsi que l'OSF du DVB-IPDC. Sur ces 3 normes, l'OMA BCAST SCP est aujourd'hui la solution préférée des opérateurs du réseau mobile. En effet, le SCP fournit l'état de sécurité de pointe, puisque la plupart des procédés cryptographiques sont effectuées par un module de sécurité matériel qui est la carte SIM. Toutefois, il ne prévoit pas actuellement une solution pour les appareils non connectés. Bien que les périphériques non connectés ne puissent pas être considérés comme une priorité pour un opérateur de téléphonie mobile, ils sont d'une importance primordiale pour les diffuseurs et les chaînes de télévision qui souhaitent aborder le plus large public possible. Quant à l'OSF de l'IPDC, il touche le marché des appareils non connectés à travers un module de sécurité matériel, mais exige une intégration multiple de la clé KDA (Key Device Agent Management System) par les fabricants de périphériques. Ces intégrations multiples augmenteront le coût des appareils et pourront réduire le nombre de dispositifs à sélectionner. Par ailleurs, si la solution SCP de l'OMA BCAST et la solution OSF de l'IPDC doivent fonctionner en parallèle, les deux guides de service électroniques (ESG) doivent être diffusé (OMA BCAST & DVB-IPDC). C'est une question importante, car elle réduit la bande passante disponible. Une telle bande passante pourrait être utilisée plus efficacement pour générer des revenus supplémentaires, soit par la diffusion d'une chaîne de télévision supplémentaires ou d'autres services interactifs. Finalement, le profil DRM de l'OMA BCAST, permet d'aborder les dispositifs non connectés et les téléphones mobiles et d'utiliser seulement un seul ESG. Cependant, la norme ouvre la possibilité pour les développeurs d'avoir la solution de sécurité complète en se fondant uniquement sur le mécanisme de logiciels de sécurité à l'intérieur des terminaux. Ce qui présente un grave problème pour une solution de sécurité de diffusion pure, une question qui pourrait générer un risque supplémentaire pour le plan d'affaires du DVB-H.

4- Conclusion

Dans ce chapitre, nous avons essayé de mettre le point sur les principaux caractéristiques des deux standards, à savoir, le DVB-IPDC et l'OMA-BCAST. Cette étude a constitué une partie essentielle de notre travail défini dans le cahier de charges. Dans un premier temps, nous avons mis l'accent sur l'architecture de l'IPDC, son ESG ainsi que ses signalisations. Dans un deuxième temps, nous avons évoqué l'architecture du BCAST, son système de protection et son ESG. Pour enfin aboutir à une comparaison des caractéristiques de ces standards.

CHAPITRE 3 : Simulation des paramètres influençant les performances du récepteur mobile

1- Introduction

Dans un environnement radio-mobile, les signaux électromagnétiques subissent de l'interférence causée par la propagation multi-trajets appelé l'évanouissement de Rayleigh. Un autre phénomène qui caractérise l'environnement radio-mobile est l'effet Doppler. Cet effet s'observe pour les récepteurs en mobilité et cause un décalage fréquentiel des différents échos. Ces phénomènes physiques causent une dégradation des performances du système de réception.

Le but de cette partie est l'étude des performances de l'estimateur en présence d'un canal radio-mobile. Pour cela, nous allons considérer un profil de canal particulier pour modéliser ces effets. Le profil utilisé est le modèle TU6. Ce modèle, correspondant à une réception urbaine, est défini par le projet COST (Co-Operative for Scientific and Technical research) 207 et spécifié par le rapport technique de l'ETSI TR 101 401.

Dans cette partie, nous allons simuler des paramètres données, que nous allons citer par la suite, afin d'étudier leurs influences sur les performances du mobile en réception.

2-Présentation du logiciel de simulation

L'outil de travail utilisé pendant ce projet est un logiciel conçu sur Excel par le constructeur DibCom. Son nom est « DibCom-Mobile Performance ». Il comprend six blocs, dont deux blocs graphiques, le premier présente la variation du rapport porteuse sur bruit (C/N) en fonction de la fréquence Doppler sur une échelle logarithmique et le second présente la vitesse maximale du récepteur en fonction des bandes de fréquences RF. Le troisième bloc est constitué de quatre sous-blocs servant au paramétrage du signal à transmettre et qui sont :

- Le sous-bloc *Select channel parameters*
- Le sous-bloc *transmission mode*

- Le sous-bloc *select modulation*
- Le sous-bloc *select MPE-FEC*

Il comprend aussi un bloc contenant des valeurs relatives à la modulation OFDM et variant en fonction du paramétrage effectué au niveau des sous-blocs. Par ailleurs, c'est ce bloc qui donne la valeur du rapport porteuse sur bruit (C/N) pour un MFER correspondant à 5%.

Les deux derniers blocs sont identiques, chacun relié à l'un des graphiques et donnant un récapitulatif des valeurs des paramètres entrés au niveau des sous-blocs suscités. Ainsi, le paramétrage de chacun des sous-blocs correspond à une certaine allure des courbes traduisant les performances du mobile.

3-Objectif et paramètres de la simulation

La simulation sur le logiciel DiBcom a pour objectif d'analyser les flux de transport DVB-H portant sur les performances du mode 4K ainsi que sur l'effet de l'utilisation ou non du code protecteur MPE-FEC et aussi sur l'entrelacement natif des symboles 2K et 8K. En effet, l'analyse de ces performances nous permettra de déterminer l'impact du brouillage du signal porteuse en fonction de la vitesse de la mobilité du portable (voiture, train, etc.), ainsi que les paramètres permettant d'atteindre une qualité optimale de l'image en réception. L'analyse sera donc porter sur les valeurs du rapport C/N obtenues par variation de la fréquence Doppler et des paramètres suivants :

- Les modes de transmission ;
- L'intervalle de garde ;
- Le type de modulation défini par le type de constellation ;
- Le code rate ou encore FEC qui définit le niveau de correction effectué au niveau du modulateur ;

- Le MPE-FEC Code rate qui définit le niveau de correction réalisée au niveau de l'encapsulateur.

3-1 Modes de transmission

➢ Mode 2k :

C'est un mode qui comporte 1705 porteuses, il est adapté à la correction d'échos courts (échos naturels). Il sera par ailleurs mieux adapté à la réception mobile car les porteuses sont plus écartées, donc moins sensible à l'effet Doppler.

➢ Mode 8k :

Ce mode dispose de 6817 porteuses et plus de fréquences, ce qui permet des intervalles de garde plus grands et donc adapté aux échos longs ; ce mode permet la réalisation de réseaux mono-fréquences larges maillés car il devient possible de compenser les interférences entre émetteurs voisins.

➢ Mode 4k :

La transmission DVB-H permet d'utiliser en plus des modes de modulation 2k et 8k existants, le mode 4k qui constitue une troisième alternative. Le mode 4k qui comprend 4096 porteuses est optimal au niveau de la mobilité en DVB-H et aussi au niveau de la réception indoor.

	Mode		
Paramètres OFDM	2k	4k	8k
Porteuses globales	2048	4096	8192
Porteuses modulés	1705	3409	6817
Porteuses utiles	1512	3024	6048
Ts (µs) (durée symbole)	224	448	896
Intervalle de garde	7, 14, 28, 56	14, 28, 56, 112	28, 56, 112, 224
Espacement entre porteuses (kHz)	4464	2232	1116
Distance max entre émetteurs (km)	17	33	67

Tableau 3 : Comparaison des modes de transmission OFDM

3-2 Intervalle de garde

L'intervalle de garde c'est une zone « morte » insérée, pendant la transmission, entre chaque symbole. C'est une valeur qui permet d'éviter l'interférence inter symbole engendré par la combinaison du signal direct et des différents échos. L'intervalle de garde évite la prise en compte de ce signal déformé et doit donc être d'une période supérieure au retard maximum apporté par les échos. Cependant, plus l'intervalle de garde est grand, moins on transmet de symbole, réduisant le débit et obligeant à augmenter le nombre de porteuses. La durée utile d'un symbole sera choisie suffisamment grande par rapport à l'étalement des échos. Ces deux précautions vont limiter l'interférence inter-symbole. Ses valeurs, dépendant du mode de transmission utilisé, varient entre 7µs et 224µs.

L'intervalle de garde prend les valeurs suivantes : 1/4, 1/8, 1/16, 1/32.

3-3 L'effet Doppler

En modulation QAM l'information est transportée par l'amplitude et la phase de chacune des porteuses. Dans le cas de la portabilité ou de la mobilité, les porteuses doivent être éloignées le plus possible pour absorber le décalage Doppler. Donc le mode 2k (respectivement 8k) est particulièrement adapté mais ne permettra la correction que d'échos courts (échos longs), d'où l'utilisation du mode 4k en DVB-H comme un compromis entre les deux modes 2K et 8k pour optimaliser la compensation à la fois des échos courts et longs.

L'effet Doppler est provoqué par le mouvement relatif de l'émetteur et du récepteur.

L'effet Doppler peut être engendré par le déplacement rapide d'un récepteur ou d'un émetteur dans le cas d'une transmission mobile. Ce déplacement relatif de l'émetteur et du récepteur change le signal reçu par des variations permanentes dans l'amplitude du signal transmis initialement. Cette variation temporelle des phases et de l'amplitude des signaux se présente comme l'effet Doppler (voir la figure 28).

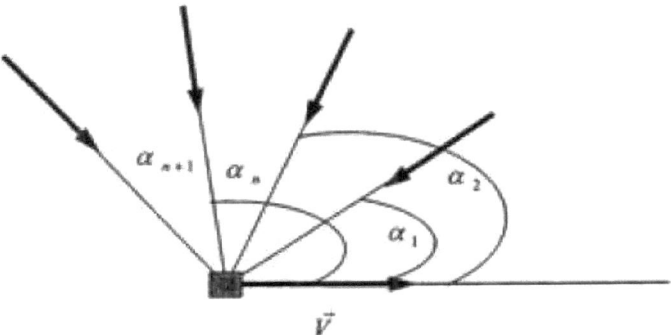

Figure 28: Paramètres de l'effet de Doppler

Si V est une vitesse du mobile en mouvement et f_c est la fréquence de l'onde transmise, l'effet Doppler déplace cette fréquence à la réception d'une quantité égale à :

$$f_D = f_c - f_i = \frac{V}{c} f_c \cos \alpha_n \qquad (1)$$

Où   v : Vitesse du mobile (m/s)

f_c : Fréquence de la porteuse (Hz)

f_i : Fréquence instantanée du signal reçu (Hz)

c : Vitesse de la lumière (3×10^8 m/s)

α_n : Angle formé entre le sens de déplacement et l'onde transmise.

Quand un récepteur et un émetteur se déplacent l'un vers l'autre, la fréquence du signal reçu est plus haute que la source, l'écart de Doppler est négatif, et quand ils s'éloignent l'un de l'autre, la fréquence reçue diminue, l'écart de Doppler est positif L'écart maximal peut être représenté comme suit :

$$f_{D,max} = \frac{V}{c} f_c \qquad (2)$$

Quand la vitesse de l'émetteur ou du récepteur est plus grande, alors l'effet Doppler peut devenir critique et le récepteur sera incapable de détecter la fréquence transmise du signal.

3-4 Evanouissement de Rayleigh

L'évanouissement est dû à la réception simultanée de signaux d'amplitudes aléatoires et de phase aléatoire correspondant aux différents trajets d'un même signal, ainsi à un instant donné t, le champ reçu par le mobile comprend la somme des contributions :

- De l'onde directe reçue en visibilité de l'émetteur,
- D'une multitude d'ondes réfléchies ou diffractées par un grand nombre d'obstacles. Au cours du déplacement du mobile, ces sources secondaires de rayonnement évoluent rapidement. Cette propagation par trajets multiples apporte au récepteur du mobile un grand nombre d'ondes d'amplitudes, de décalage Doppler et de phases différentes.

Le champ reçu peut être représenté comme suit :

$$E_z = A \cos[2\pi(f + f_D)t + \varphi_a] + \sum E_i \quad (3)$$

$$E_z = E_a + E_r \quad (4)$$

Où E_a est le champ reçu par le trajet direct et E_r le champ reçu par l'ensemble des trajets multiples.

De ce fait, l'évanouissement est appelé couramment évanouissement de Rayleigh, fading de Rayleigh ou bien évanouissement rapide. Si la largeur de bande du canal utile est inférieure à la bande de cohérence du canal de propagation – c'est une bande de fréquence pour laquelle la réponse fréquentielle du canal peut être considérée comme constante - alors l'évanouissement est plat, sinon il est sélectif.

L'évanouissement sélectif peut conduire à des variations du signal reçu de l'ordre de plusieurs dizaines de dB et dépend de multiples facteurs tels que la modulation utilisée, la vitesse du mobile. En général, son effet est atténué par l'utilisation de la diversité d'espace ou de fréquence, le codage de canal et l'entrelacement.

3-5 La protection MPE-FEC

La MPE-FEC vient en complément de la correction d'erreur directe spécifique à la couche physique de la norme DVB-T sous-jacente. L'objectif consiste à assouplir les critères liés au rapport signal/porteuse pour la réception de poche. Elle intervient sur la couche liaison au niveau des flux IP entrants avant l'encapsulation MPE. Il permet l'amélioration des performances du rapport C/N et de la fréquence Doppler dans les canaux mobiles et l'amélioration de la tolérance aux interférences.

Elle est exprimée en terme de Code rate et prend les valeurs suivantes : 1/2, 2/3, 3/4, 5/6, 7/8.

4- Résultats de la simulation

4-1 Les cas étudiés

Afin de déterminer l'influence des paramètres signalés au dessus sur la performance de la mobilité du terminal, deux cas seront traités : le cas où la protection est nulle ainsi que les cas où le signal subit une protection donnée, traduite par les code rates suivants : 1/2, 2/3, 3/4, 5/6, 7/8. Néanmoins, dans notre travail, nous avons basé notre analyse sur trois niveaux de protection : 0 (sans protection), 2/3 et 3/4.

Comme montré dans le tableau ci-dessous, les constellations prises en compte dans ce travail sont : 16-QAM et 64-QAM. Et à ce niveau, les codes rates choisis sont : 1/2 et 2/3. Pour ce qui est de l'intervalle de garde, nous nous sommes limités à deux intervalles qui sont: 1/16 et 1/8. Bien entendu, les résultats sont présentés pour les trois modes de transmission.

Paramètres de simulation	Valeurs
Modulation	64-QAM, 16 QAM
Mode de transmission	2k, 4k et 8k
IG	1/16, 1/8
Code rate de la modulation	1/2, 2/3
MPE-FEC	0, 2/3 et 3/4

Tableau 4 : Paramètres de simulation de l'estimateur pour le canal TU6

4-2 Résultats sans protection MPE-FEC

Les tableaux 5 et 6 montrent les résultats obtenus en termes de débits binaires et de rapports porteuses sur bruit avec un MFER de 5%, et cela en fonction des paramètres de modulations, de l'intervalle de garde et aussi de la fréquence de Doppler.

Mode	Modulation	Code rate	Débit(Mbps)	
			IG=1/16	IG=1/8
2k	16-QAM	1/2	11,709	11,059
		2/3	15,612	14,745
	64-QAM	1/2	17,564	16,588
		2/3	23,419	22,118
4k	16-QAM	1/2	11,709	11,059
		2/3	15,612	14,745
	64-QAM	1/2	17,564	16,588
		2/3	23,419	22,118
8k	16-QAM	1/2	11,709	11,059
		2/3	15,612	14,745
	64-QAM	1/2	17,564	16,588
		2/3	23,419	22,118

Tableau 5 : Débits binaires de transmission du signal en Mb/s (MPE-FEC CR=0)

Mode	Modulation	CR	C/N		MPE-FEC gain	
			IG=1/16	IG=1/8	IG=1/16	IG=1/8
2k	16-QAM	1/2	19,040	19,040	0,0	0,0
		2/3	23,430	23,430	0,0	0,0
	64-QAM	1/2	21,280	21,280	0,0	0,0
		2/3	26,441	26,441	0,0	0,0
4k	16-QAM	1/2	19,040	19,040	0,0	0,0
		2/3	23,430	23,430	0,0	0,0
	64-QAM	1/2	21,280	21,280	0,0	0,0
	64-QAM	2/3	26,441	26,441	0,0	0,0

		1/2	19,040	19,040	0,0	0,0
8k	16-QAM	2/3	23,430	23,430	0,0	0,0
	64-QAM	1/2	21,280	21,280	0,0	0,0
		2/3	26,441	26,441	0,0	0,0

Tableau 6 : Rapport Porteuse sur Bruit (C/N) à MFER5 en dB (MPE-FEC CR=0)

Le débit est plus important en modulation 64-QAM. Il ne dépend pas du mode de transmission, en effet pour une même constellation, un même code rate et un même intervalle de garde nous retrouvons la même valeur du débit quelque soit le mode de transmission utilisé.

Concernant le rapport C/N avec MFER à 5%, les valeurs ne dépendent ni du mode de transmission ni de l'intervalle de garde. Puisque pour une même constellation et un même code rate nous retrouvons la même valeur du C/N pour tout Intervalle de garde et pour tout mode de transmission.

Afin de tirer des conclusions plus précises, nous allons représenter les différentes courbes du C/N en fonction de la fréquence de Doppler et de la vitesse du terminal en fonction de la bande RF. Pour ce faire, nous allons fixer les paramètres de modulation, pour chaque mode de transmission aux valeurs suivantes et qui sont les plus utilisées en DVB :

- Constellation : 16-QAM

- Code Rate : 2/3

- Intervalle de garde : 1/8

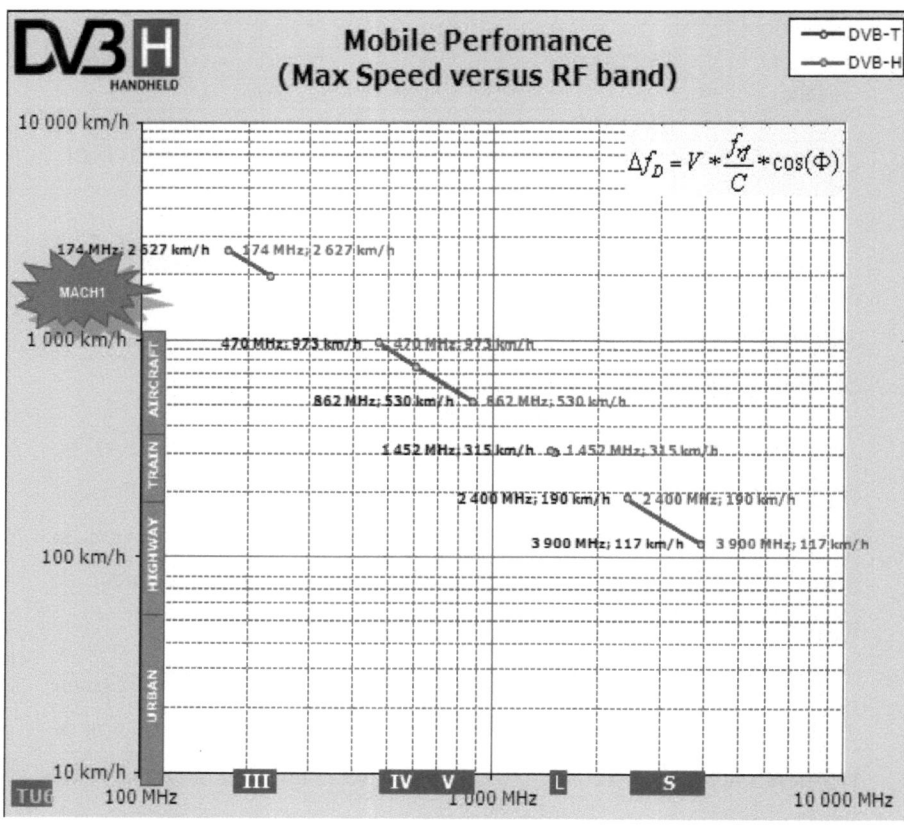

Figure 29 : Courbe de la vitesse maximale du récepteur en fonction des bandes de fréquences RF en mode 2k

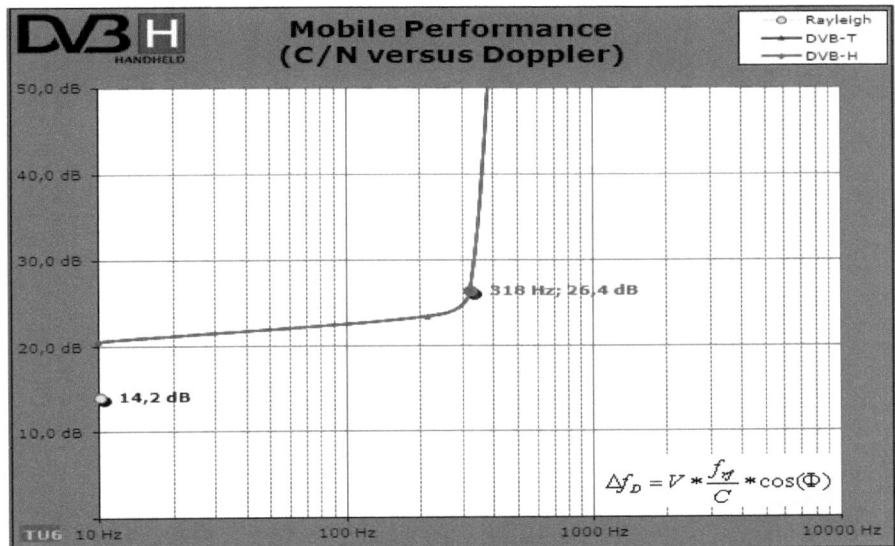

Figure 30 : Courbe du rapport C/N à MFER5 pour le mode 2k

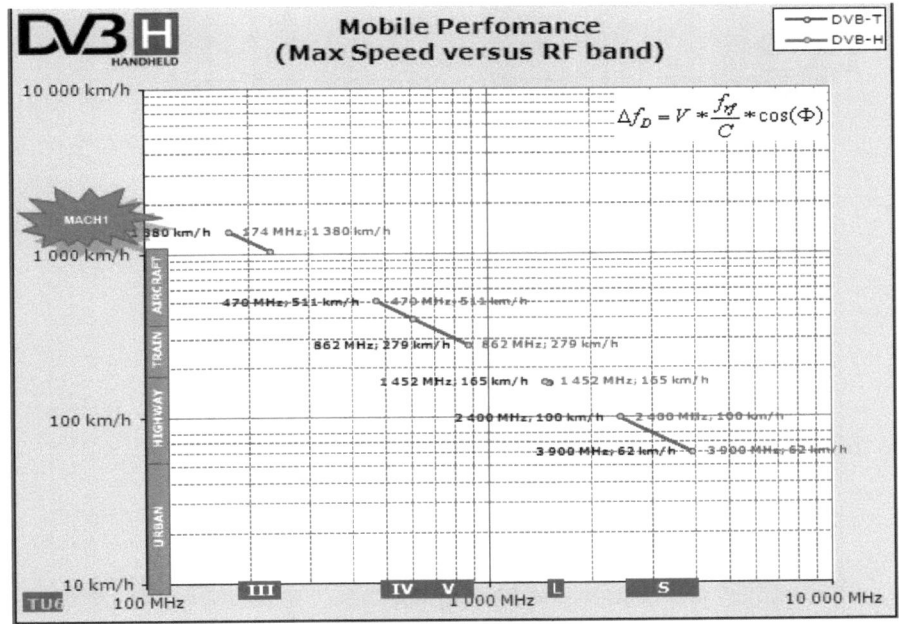

Figure 31 : Courbe de la vitesse maximale du récepteur en fonction des bandes de fréquences RF en mode 4k

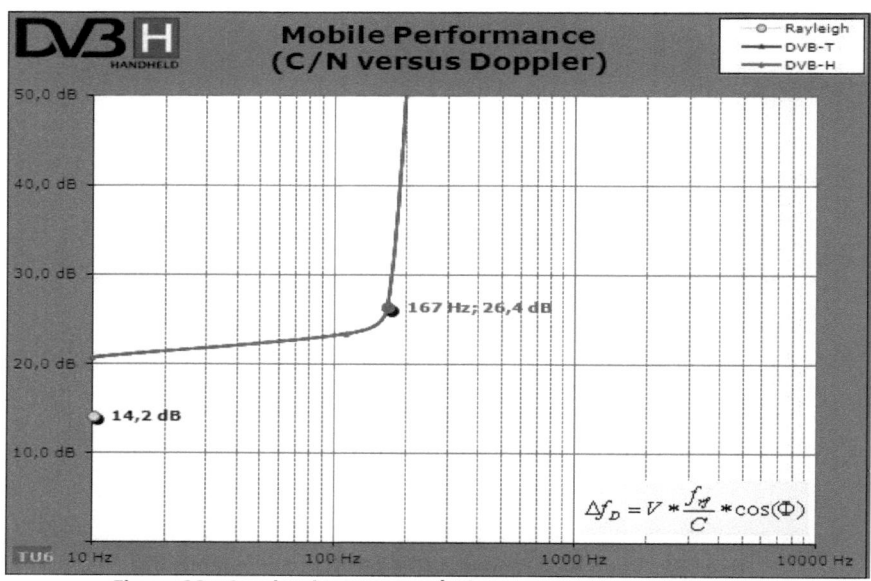

Figure 32 : Courbe du rapport C/N à MFER5 pour le mode 4k

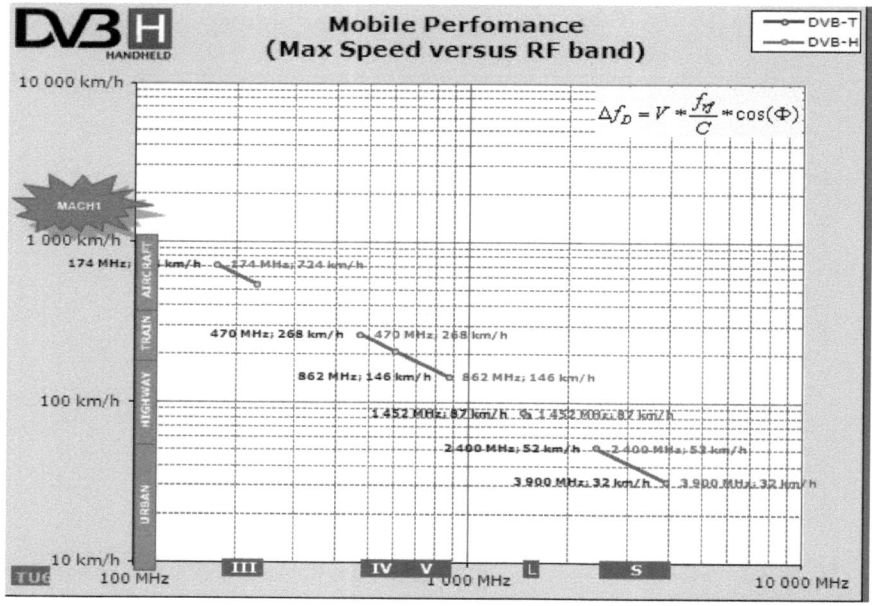

Figure 33: Courbe de la vitesse maximale du récepteur en fonction des bandes de fréquences RF en mode 8k

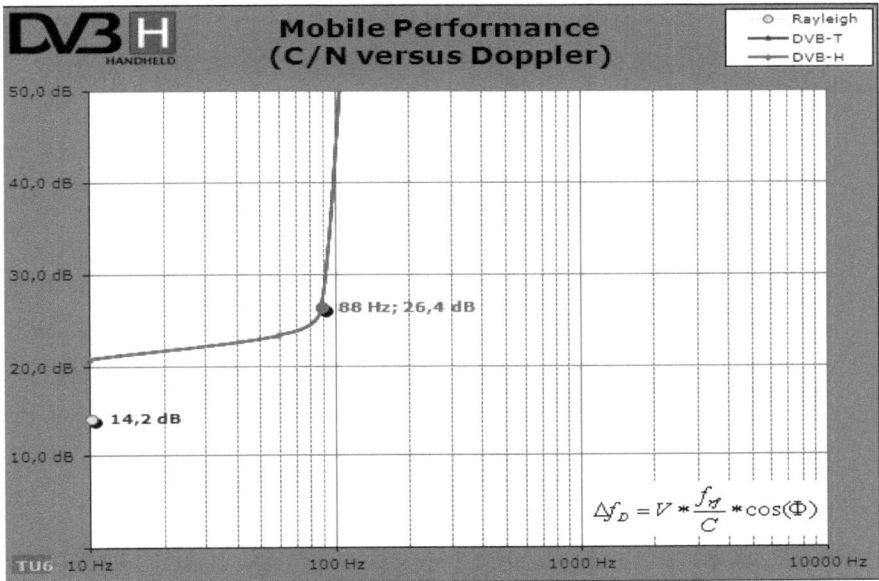

Figure 34 : Courbe du rapport C/N à MFER5 pour le mode 8k

Nous constatons que la vitesse avec laquelle le récepteur peut se déplacer varie en fonction de la fréquence radio sur laquelle le signal est émis. En effet, le maximum de vitesse diminue en passant de la bande III à la bande S ce qui justifie le choix des trois premières bandes pour la diffusion DVB-H.

Nous constatons aussi que la fréquence Doppler dans le signal reçu varie, et cela dépend de la vitesse de déplacement du terminal.

En l'absence de la protection MPE-FEC, nous remarquons que les courbes qui décrivent le maximum de vitesse de diffusion DVB-H sont confondues avec celles de diffusion DVB-T. Nous constatons la même chose concernant la courbe du rapport C/N du signal. Ce qui veut dire que les zones de bonne réception, qui sont les parties supérieures délimitées par la courbe, sont les mêmes pour les deux technologies.

Nous pouvons déduire qu'en mode 2k, la qualité de réception n'est pas perturbée même si le mobile se déplace à une vitesse importante, c'est-à-dire qu'en ce mode le mobile peut se déplacer à des vitesses importantes donc il peut supporter des fréquences Doppler supérieures (de l'ordre de 400 HZ).

Nous constatons que la zone de bonne réception rétrécit en passant du mode 2k au mode 8k. Donc, le mode 2k ne peut pas supporter une couverture élargie contrairement au mode 8k.

Ces résultats confirment aussi que la tolérance Doppler du mode 4k se situe à mi chemin entre les modes 2k et 8k. Les données quantitatives ont augmenté d'un facteur deux, en passant d'un mode au suivant, une évolution parfaitement en phase avec le rapport entre les paramètres des trois modes.

4-3 Résultats avec une protection MPE-FEC pour CR=2/3

Les tableaux 7 et 8 montrent les résultats obtenus en termes de débits binaires et de rapports porteuses sur bruit avec un MFER de 5%, et cela en fonction des paramètres de modulations avec un taux de protection de 2/3, de l'intervalle de garde et aussi de la fréquence de Doppler

Mode	Modulation	CR	Débit	
			IG=1/16	IG=1/8
2k	16-QAM	1/2	7,806	7,373
		2/3	10,408	9,830
	64-QAM	1/2	11,709	11,059
		2/3	15,612	14,745
4k	16-QAM	1/2	7,806	7,373
		2/3	10,408	9,830
	64-QAM	1/2	11,709	11,049
		2/3	15,612	14,745
8k	16-QAM	1/2	7,806	7,373
		2/3	10,408	9,830
	64-QAM	1/2	11,709	11,049
		2/3	15,612	14,745

Tableau 7 : Débits binaires de transmission du signal en Mb/s (MPE-FEC Coderate=1/2)

Mode	Modulation	CR	C/N		MPE-FEC gain	
			IG=1/16	IG=1/8	IG=1/16	IG=1/8
2k	16-QAM	1/2	13,093	13,093	5,946	5,946
		2/3	16,102	16,102	7,327	7,327
	64-QAM	1/2	17,760	17,760	3,519	3,519
		2/3	20,780	20,780	5,660	5,660
4k	16-QAM	1/2	13,093	13,093	5,946	5,946
		2/3	16,102	16,102	7,327	7,327
	64-QAM	1/2	17,760	17,760	3,519	3,519
		2/3	20,780	20,780	5,660	5,660
8k	16-QAM	1/2	13,093	13,093	5,946	5,946
		2/3	16,102	16,102	7,327	7,327
	64-QAM	1/2	17,760	17,760	3,519	3,519
		2/3	20,780	20,780	5,660	5,660

Tableau 8 : Rapport Porteuse sur Bruit (C/N) à MFER5 en dB (CR=2/3)

Nous constatons que les valeurs du débit et du rapport C/N obtenues en cas de protection MPE-FEC (CR=2/3) sont moins élevées que celles obtenues dans le cas sans protection. Nous remarquons aussi que, pour un même mode, une même modulation, un même intervalle de garde et un même code rate, le gain obtenu avec une diffusion sans protection est exactement égale à celui obtenu dans une diffusion avec protection, en faisant la somme du gain du rapport C/N à MFER5% et de celui apporté par la protection MPE-FEC. Donc, nous pouvons dire que le gain perdu à cause de la diminution de la puissance d'émission est récupéré en introduisant la protection MPE-FEC. Ainsi, la protection MPE-FEC nous apporte un avantage considérable en termes d'économie en puissance et donc en investissement.

Afin de tirer des conclusions plus convergentes, nous allons représenter les différentes courbes de la vitesse maximale en fonction de la fréquence RF ainsi que celles du C/N en fonction de la fréquence de Doppler. Pour ce faire, nous allons considérer les mêmes paramètres de modulation fixés auparavant, pour chaque mode de transmission.

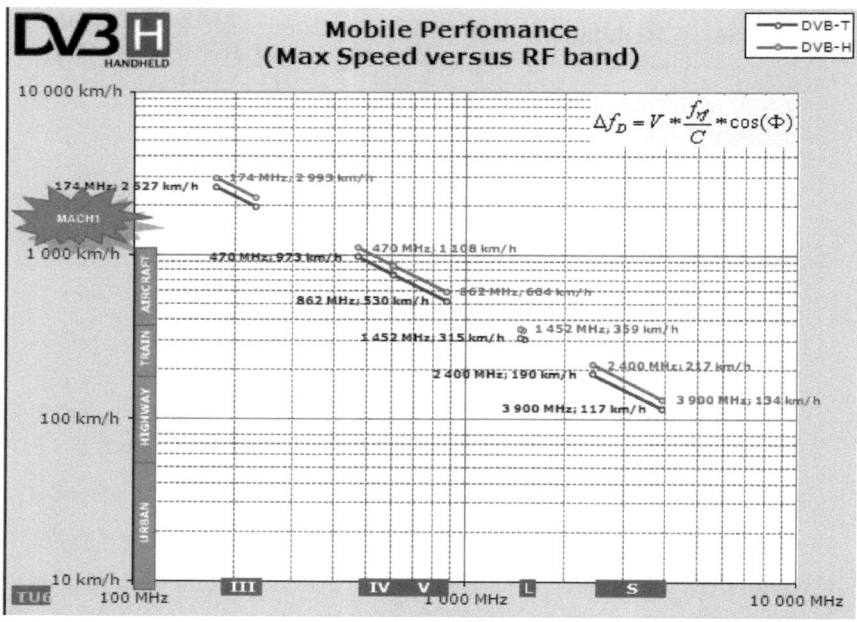

Figure 35 : Courbe de la vitesse maximale du récepteur en fonction des bandes de fréquences RF en mode 2k

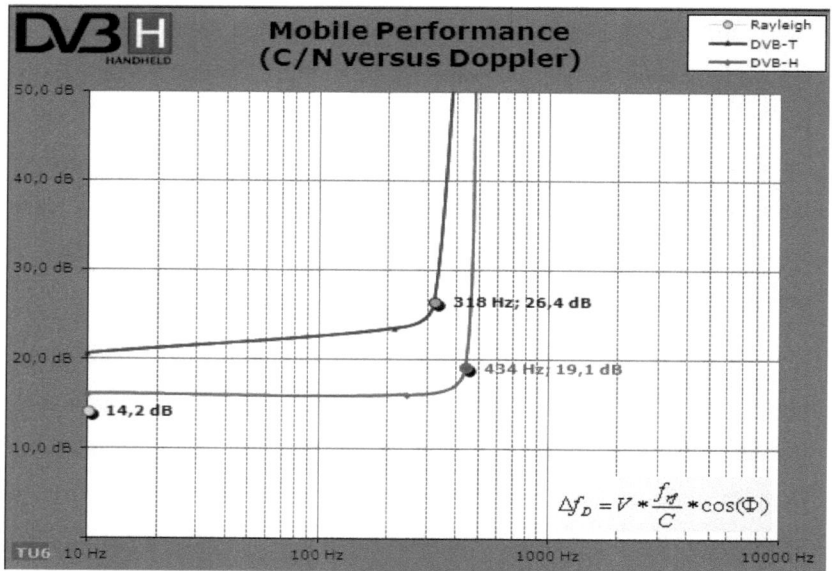

Figure36 : Courbe du rapport C/N à MFER5 pour le mode 2k

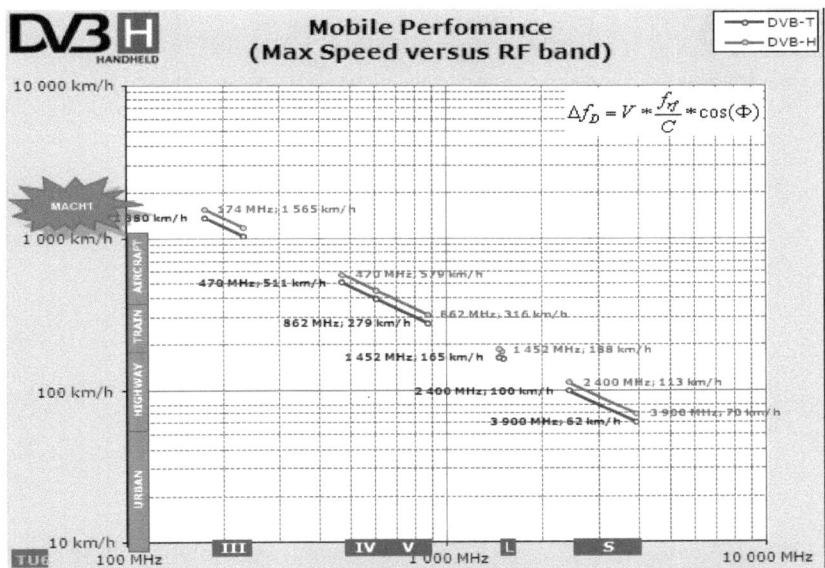

Figure 37 : Courbe de la vitesse maximale du récepteur en fonction des bandes de fréquences RF en mode 4k

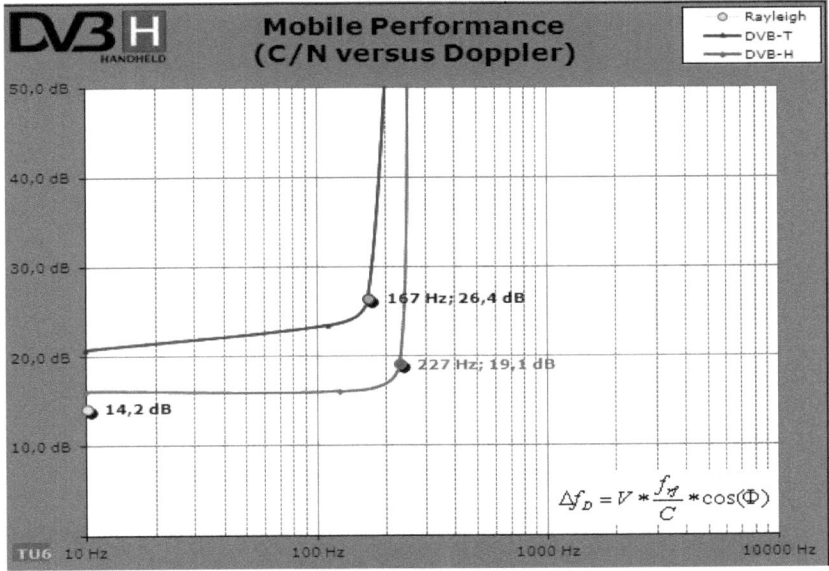

Figure 38: Courbe du rapport C/N à MFER5 pour le mode 4k

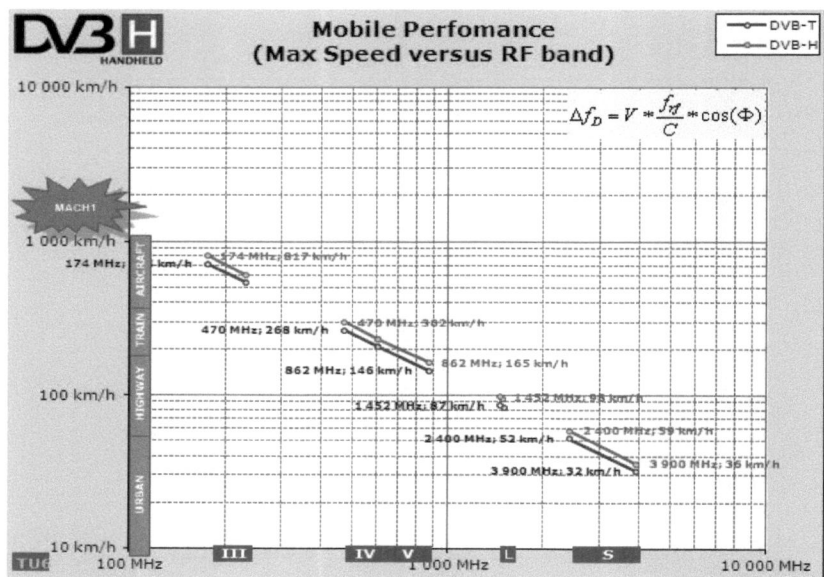

Figure 39: Courbe de la vitesse maximale du récepteur en fonction des bandes de fréquences RF en mode 8k

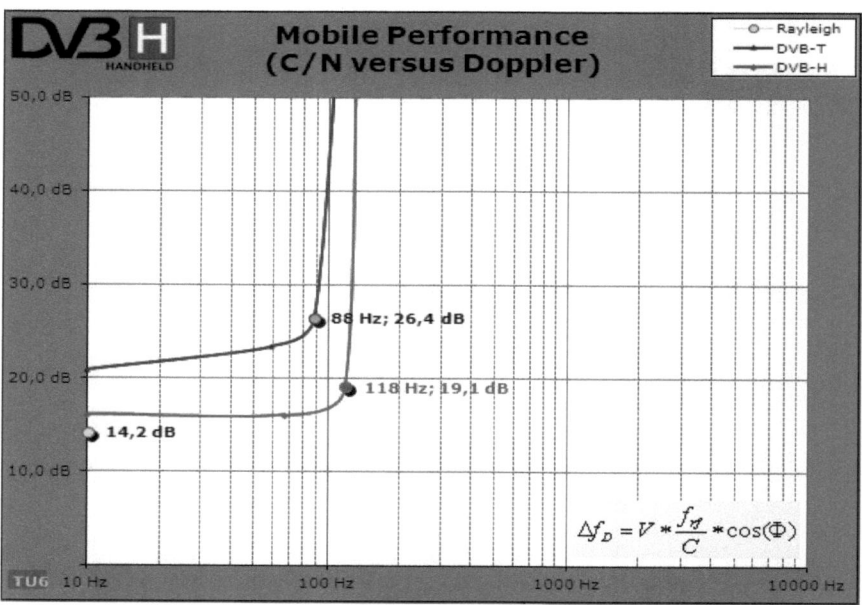

Figure 40: Courbe du rapport C/N à MFER5 pour le mode 8k

Nous constatons, d'après les courbes 36, 38 et 40 du rapport C/N à MFER5 ainsi que celles de la vitesse maximale du récepteur illustrées dans les figures 35, 37 et 39, qu'en présence d'une protection MPE-FEC (CR=1/2), deux courbes sont visualisées. L'une décrit le cas d'une diffusion DVB-H et l'autre du celui d'une diffusion DVB-T. La zone de bonne réception, dans ce cas, est délimitée par la courbe de la DVB-T, qui est contenue dans la zone de réception délimitée par la courbe du DVB-H. ce qui nous mène à conclure qu'avec l'intégration de la protection, la résistance face aux effets Doppler augmente. Nous constatons également que dans ce cas aussi, les zones de réception sont rétrécîtes quand nous passons du mode 2k au mode 8k. Mais, en comparaison avec le cas sans protection, nous constatons que les zones de bonne réception dans les trois modes sont plus larges et les vitesses maximales sont plus élevées. Nous nous apercevons aussi que le maximum des vitesses avec lequel le terminal peut se déplacer diminue en allant du mode 2k au mode 8k .Le mode 4k se situe dans ce cas aussi à mi-chemin des deux premiers.

4-4 Résultats avec une protection MPE-FEC pour CR=3/4

Les tableaux 9 et 10 montrent les résultats obtenus en termes de débits binaires et de rapports porteuses sur bruit avec un MFER de 5%, et cela en fonction des paramètres de modulations avec un taux de protection de 3/4, de l'intervalle de garde et aussi de la fréquence de Doppler.

Mode	Modulation	CR	Débit	
			IG=1/16	IG=1/8
2k	16-QAM	1/2	8,782	8,294
		2/3	11,709	11,059
	64- QAM	1/2	13,173	12,441
		2/3	17,564	16,588
4k	16-QAM	1/2	8,782	8,294
		2/3	11,709	11,059
	64- QAM	1/2	13,173	12,441
		2/3	17,564	16,588

Mode	Modulation			
8k	16-QAM	1/2	8,782	8,294
		2/3	11,709	11,059
	64-QAM	1/2	13,173	12,441
		2/3	17,564	16,588

Tableau 9 : Débits binaires de transmission du signal en Mb/s (MPE-FEC Coderate=3/4)

Mode	Modulation	CR	C/N		MPE-FEC gain	
			IG=1/16	IG=1/8	IG=1/16	IG=1/8
2k	16-QAM	1/2	13,498	13,498	5,541	5,541
		2/3	16,601	16,601	6,829	6,829
	64-QAM	1/2	18,309	18,309	2,970	2,970
		2/3	21,423	21,423	5,017	5,01
4k	16-QAM	1/2	13,498	13,498	5,541	5,541
		2/3	16,601	16,601	6,829	6,829
	64-QAM	1/2	18,309	18,309	2,970	2,970
		2/3	21,423	21,423	5,017	5,017
8k	16-QAM	1/2	13,498	13,498	5,541	5,541
		2/3	16,601	16,601	6,829	6,829
	64-QAM	1/2	18,309	18,309	2,970	2,970
		2/3	21,423	21,423	5,017	5,017

Tableau 10 : Rapport Porteuse sur Bruit (C/N) à MFER5 en dB (CR= 3/4)

Nous constatons que les rapports C/N et les débits binaires sont moins élevés que dans le cas d'une diffusion sans protection, mais un peu plus élevé qu'avec MPEFEC CR=1/2.

Nous remarquons aussi que pour un même mode, une même modulation, un même intervalle de garde et un même code rate, le gain obtenu avec une diffusion sans protection est exactement égale à celui obtenu dans une diffusion avec protection, en faisant la somme du gain du rapport C/N à MFER5 et de celui apporté par la protection MPE-FEC.

Nous pouvons dire que le gain en rapport C/N perdu à cause de la diminution de la puissance d'émission est récupéré par l'introduction de la protection MPE-FEC. Ainsi, dans ce cas la protection MPE-FEC nous apporte un avantage considérable en termes d'économie en puissance et donc en investissement.

Afin de tirer des conclusions plus précises, nous allons représenter les différentes courbes du C/N en fonction de la fréquence de Doppler. Pour ce faire, nous allons considérer les mêmes paramètres de modulation fixés auparavant, pour chaque mode de transmission.

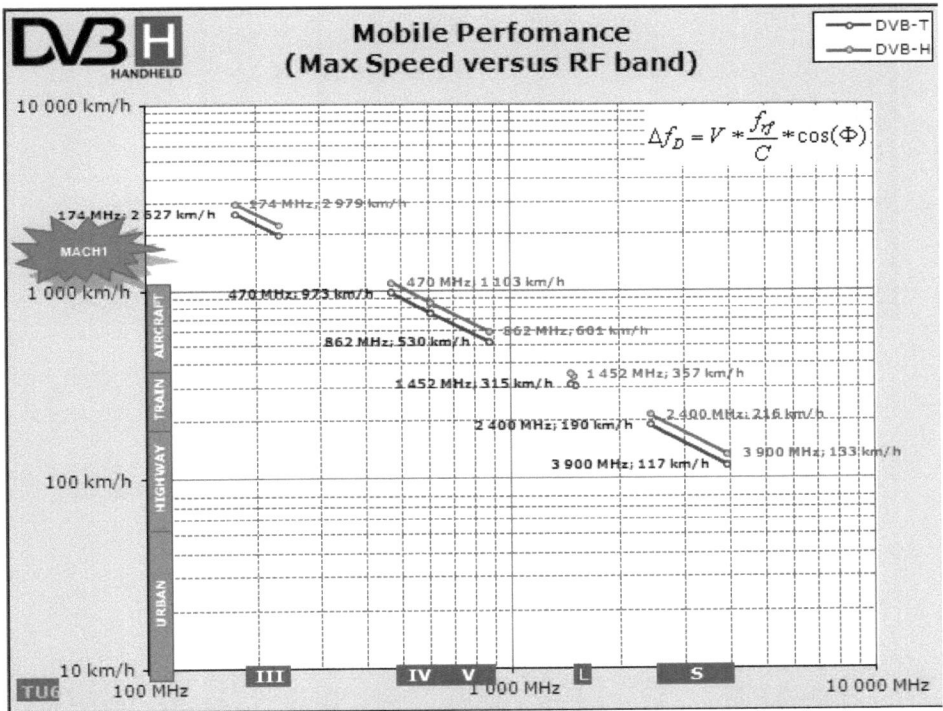

Figure 41: Courbe de la vitesse maximale du récepteur en fonction des bandes de fréquences RF en mode 2k

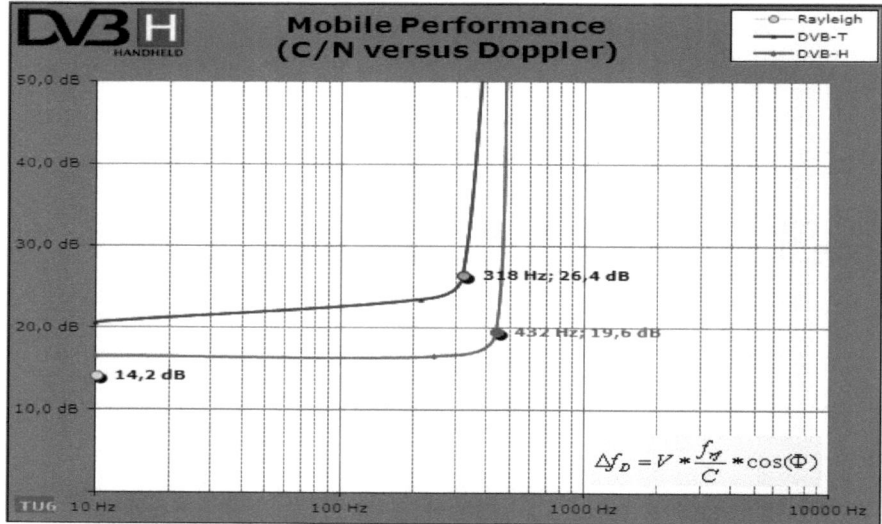

Figure 42 : Courbe du rapport C/NR à MFER5 pour le mode 2k

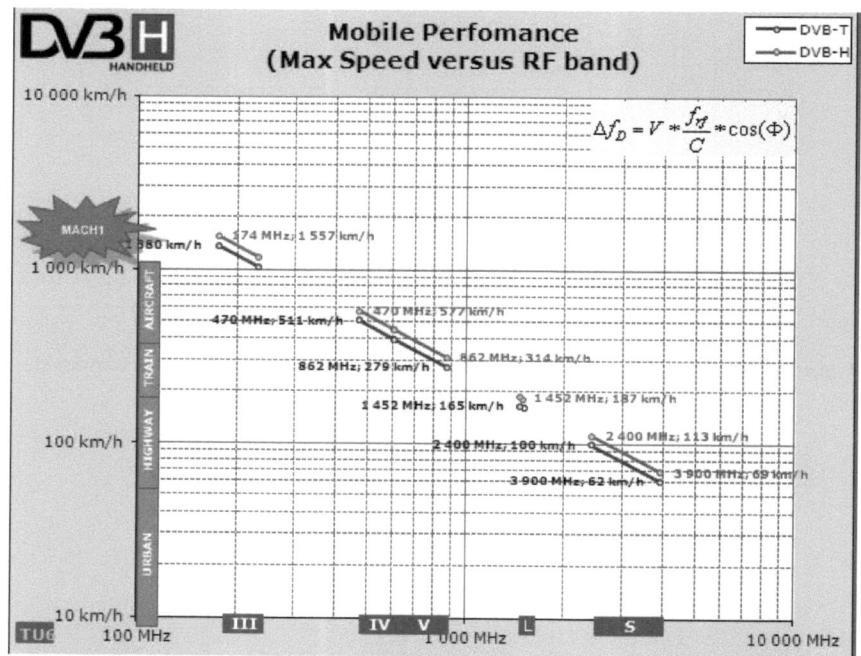

Figure 43: Courbe de la vitesse maximale du récepteur en fonction des bandes de fréquences RF en mode 4k

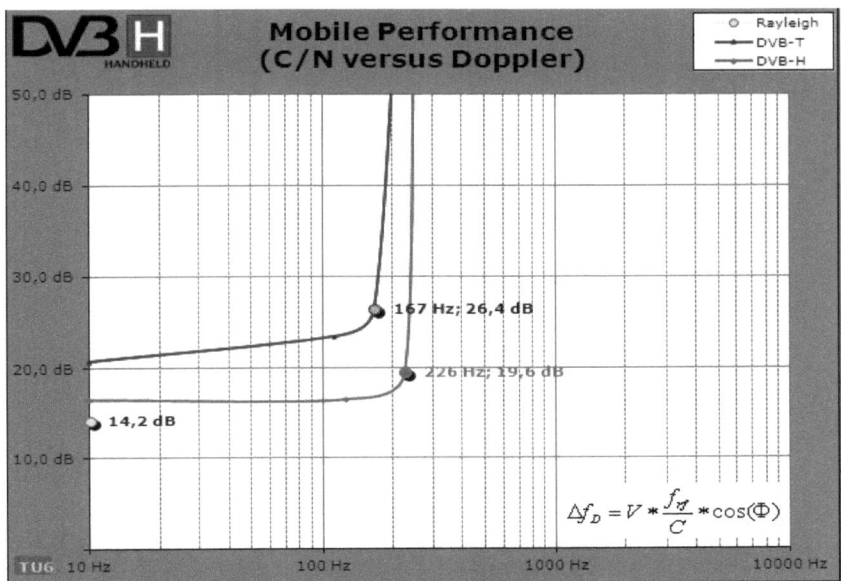

Figure 44: Courbe du rapport C/N à MFER5 pour le mode 4k

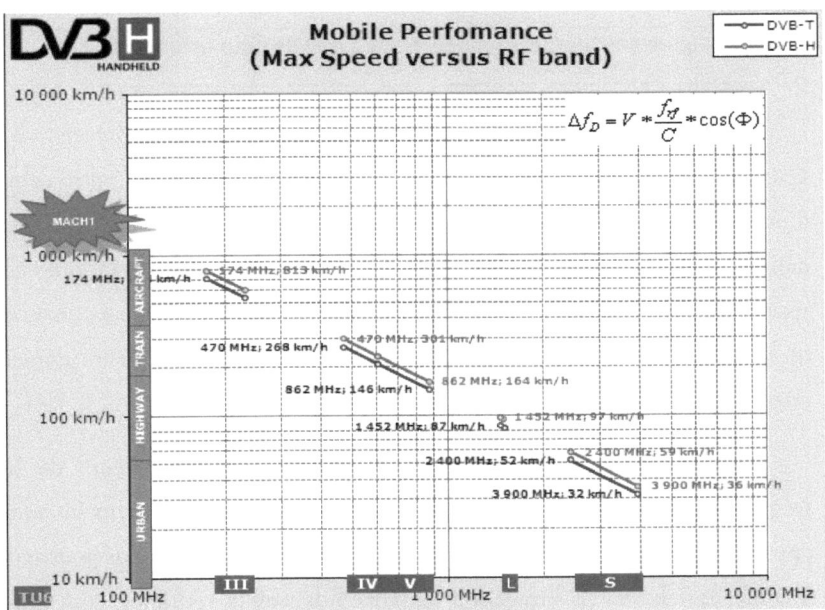

Figure 45: Courbe de la vitesse maximale du récepteur en fonction des bandes de fréquences RF en mode 8k

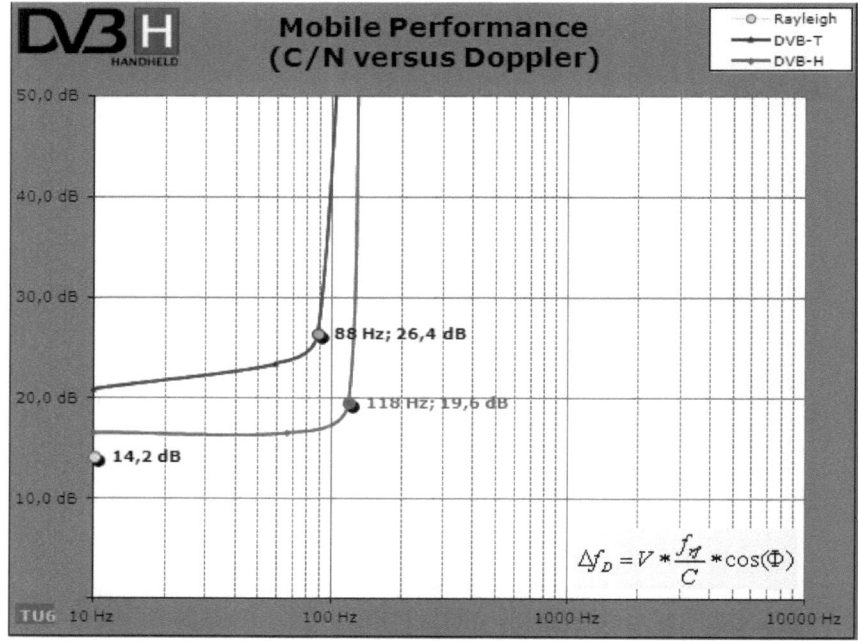

Figure 46: Courbe du rapport C/N à MFER5 pour le mode 8k

Tout comme dans le cas précédent, nous constatons la présence de deux courbes. L'une décrit le cas d'une diffusion DVB-H et l'autre celui d'une diffusion DVB-T. La zone de bonne réception, dans ce cas aussi, est délimitée par la courbe de la DVB-T, qui est contenue dans la zone de réception délimitée par la courbe du DVB-H. ce qui nous mène à conclure qu'avec l'intégration de la protection, la robustesse face aux effets Doppler augmente.

Dans ce cas de figure, nous constatons que les valeurs de la fréquence de Doppler ainsi que celles de la vitesse maximale sont approximativement identique à celle du cas précédent. Ainsi, nous pourrons affirmer qu'en cas de protection les zones de bonne réception sont plus larges et les vitesses maximales que le mobile peut atteindre sont plus importantes. Nous pouvons également déduire que le récepteur est plus résistant face aux effets Doppler en mode 2k et que le mode 4k se situe dans ce cas aussi à mi-chemin des deux premiers.

5- Conclusion

En conclusion, à l'issue des résultats présentés dans cette partie, nous pouvons affirmer que le module MPE-FEC du système d'encapsulation de la DVB-H, joue un rôle très déterminant dans la bonne qualité de réception du signal DVB-H. Nous estimons ainsi que le MPE-FEC améliore les performances du mobile en termes du rapport C/N et de la fréquence Doppler. Nous pouvons aussi conclure que le mode 4k présente un véritable compromis pour la technologie DVB-H qui essaye justement de concilier la vitesse de déplacement du mobile, la couverture de la diffusion et la qualité des services reçus. En effet le mode 4k s'avère optimal pour remplir certains points importants concernant la mobilité en DVB-H, puisqu'il présente un espacement entre porteuses et il permet d'opérer sur des cellules SFN raisonnablement large. Autrement dit, le mode 4k présente un gain en tolérance de fréquence doppler raisonnable, ce qui permet d'obtenir une large zone de réception. Il présente aussi un gain substantiel allant jusqu'à 7,3 par rapport à la DVB-T, ce qui améliore la qualité de réception de la TMP.

CONCLUSION GENERALE

Au terme de ce travail, nous avons atteint l'objectif de ce projet inscrit dans le cadre de l'étude de nouveaux standards de la TMP, ainsi que des paramètres permettant la bonne réception du signal DVB-H. Loin d'être aussi simple, notre travail s'est étendu sur plusieurs aspects de la technologie DVB. Il a fallu tout d'abord faire une étude aussi concise que possible de la technologie DVB-T pour pouvoir aborder la DVB-H vues les ressemblances qu'elles manifestent. Ensuite, nous avons fait une étude des deux standards de la TMP, commençant par la DVB-IPDC puis enchainant par sa concurrente l'OMA-BCAST. Dans cette étude, nous avions notamment explicité l'architecture de ces standards, les signalisations et les services de protection qu'ils offrent, pour enfin conclure par une comparaison de ces technologies rivales.

La dernière partie de ce projet vise l'aspect concret de la TMP. Il nous a été demandé de faire une simulation de l'influence des paramètres de modulation sur la qualité de réception du signal diffusé vers un terminal mobile DVB-H. Ainsi, une étude des paramètres de modulation, portée sur les performances du mobile a été menée et a constitué l'étape finale de ce travail. Les conclusions faites à l'issue des résultats présentés dans cette partie nous permettent d'affirmer que le module MPE-FEC du système d'encapsulation de la DVB-H joue un rôle très déterminant dans l'atteinte d'une bonne qualité de réception du signal.

Il est à signaler que nos résultats ont été obtenus par simulation sur le logiciel Dibcom-Mobile performance.

Il est à espérer que le présent document puisse servir de bréviaire ou de référence non seulement au personnel du service exploitation et maintenance dans son analyse, mais aussi pour les futurs étudiants dont les sujets seraient en relation avec la technologie DVB-H.

Pendant cette étude, il avait été mentionné de façon simplifiée le concept de DVB-SH qui est en effet une technologie dérivée de celle du DVB-H et qui concerne la diffusion sur mobiles de service télévisés via satellite. Comme perspectives, il serait donc judicieux de prendre en considération cette technologie qui, en plus des services nationaux disponibles dans un pays, permettra aux téléspectateurs de profiter également des émissions internationales.

ANNEXES

Annexe 1 : Résultats entiers de la simulation obtenus sur le logiciel Dibcom

Protection	Mode	Modulation	IG	Code rate	Débit (Mbps)	c/n@mfers (dB)	c/n|min+3 dB	fd@c/n+3 dB (HZ)	c/n (Rayleigh)	MPE-FEC (dB)
0	2k	16-QAM	1/8	1/2	11,059	19,040	22,0	363	11,2	0
				2/3	14,745	23,430	26,4	318	14,2	0
			1/16	1/2	11,707	19,040	22,0	384	11,2	0
				2/3	15,612	23,430	26,4	336	14,2	0
		64-QAM	1/8	1/2	16,585	21,280	24,3	255	16,0	0
				2/3	22,118	26,441	29,3	211	19,3	0
			1/16	1/2	17,564	21,280	24,3	270	16,0	0
				2/3	23,419	26,441	29,4	223	19,3	0
	4k	16-QAM	1/8	1/2	11,059	19,040	22,0	191	11,2	0
				2/3	14,745	23,430	26,4	167	14,2	0
			1/16	1/2	11,707	19,040	22,0	202	11,2	0
				2/3	15,612	23,430	26,4	117	14,2	0
		64-QAM	1/8	1/2	16,585	21,280	24,3	156	16,0	0
				2/3	22,118	26,441	29,4	129	19,3	0
			1/16	1/2	17,564	21,280	24,3	165	16,0	0
				2/3	23,419	26,441	29,4	137	19,3	0
	8k	16-QAM	1/8	1/2	11,059	19,040	22,0	100	11,2	0
				2/3	14,745	23,430	26,4	88	14,2	0
			1/16	1/2	11,707	19,040	22,0	106	11,2	0
				2/3	15,612	23,430	26,4	93	14,2	0
		64-QAM	1/8	1/2	16,585	21,280	24,3	92	16,0	0
				2/3	22,118	26,441	29,4	77	19,3	0
			1/16	1/2	17,564	21,28	24,3	98	16,0	0
				2/3	23,419	26,441	29,4	81	19,3	0
2/3	2K	16-QAM	1/8	1/2	7,373	13,093	16,1	490	11,2	5,946
				2/3	9,830	16,102	19,1	434	14,2	7,327
			1/16	1/2	7,806	13,093	16,1	519	11,2	5,946
				2/3	10,408	16,102	19,1	460	14,2	7,327
		64-QAM	1/8	1/2	11,059	17,760	20,8	358	16,0	3,519
				2/3	14,745	20,780	23,8	304	19,3	5,660
			1/16	1/2	11,709	17,760	20,8	379	16,0	3,519
				2/3	15,612	20,780	23,8	322	19,3	5,660
	4k	16-QAM	1/8	1/2	7,373	13,093	16,1	256	11,2	5,946
				2/3	9,830	16,102	19,1	227	14,2	7,327
			1/16	1/2	7,806	13,093	16,1	271	11,2	5,946
				2/3	10,408	16,102	19,1	240	14,2	7,327

3/4	8k	64-QAM	1/8	1/2	11,059	17,760	20,8	214	16,0	3,519
				2/3	14,745	20,780	23,8	181	19,3	5,660
			1/16	1/2	11,709	17,760	20,1	226	16,0	3,519
				2/3	15,612	20,790	23,1	192	19,3	5,660
	8k	16-QAM	1/8	1/2	7,373	13,093	16,1	134	11,2	5,946
				2/3	9,830	16,102	19,1	118	14,2	7,327
			1/16	1/2	7,806	13,093	16,1	142	11,2	5,946
				2/3	10,408	16,102	19,1	125	14,2	7,327
		64-QAM	1/8	1/2	11,059	17,760	20,8	124	16,0	3,519
				2/3	14,745	20,780	29,8	105	19,3	5,660
			1/16	1/2	11,709	17,760	20,8	132	16,0	3,519
				2/3	15,612	20,780	29,8	111	19,3	5,660
	2k	16-QAM	1/8	1/2	8,294	13,498	16,5	487	11,2	5,541
				2/3	11,059	16,601	19,6	432	14,2	6,829
			1/16	1/2	8,782	13,498	16,5	516	11,2	5,541
				2/3	11,709	16,601	19,6	458	14,2	6,829
		64-QAM	1/8	1/2	12,441	18,309	21,3	356	16,0	2,970
				2/3	18,588	21,423	24,4	302	19,3	5,017
			1/16	1/2	13,173	18,309	21,3	377	16,0	2,970
				2/3	17,564	21,423	24,4	320	19,3	5,017
	4k	16-QAM	1/8	1/2	8,294	13,498	16,5	255	11,2	5,541
				2/3	11,059	16,601	19,6	226	14,2	6,829
			1/16	1/2	8,782	13,498	16,5	270	11,2	5,541
				2/3	11,709	16,601	19,6	239	14,2	6,829
	4k	64-QAM	1/8	1/2	12,441	18,309	21,3	213	16,0	2,970
				2/3	16,588	21,423	24,4	180	19,3	5,017
			1/16	1/2	13,173	18,309	21,3	225	16,0	2,970
				2/3	17,564	21,423	24,4	191	19,3	5,017
	8k	16-QAM	1/8	1/2	8,294	13,498	16,5	133	11,2	5,541
				2/3	11,059	16,601	19,6	118	14,2	6,829
			1/16	1/2	8,782	13,498	16,5	141	11,2	5,541
				2/3	11,709	16,601	19,6	125	14,2	6,829
		64-QAM	1/8	1/2	12,441	18,309	21,3	124	16,0	2,970
				2/3	16,588	21,423	24,4	105	19,3	5,017
			1/16	1/2	13,173	18,309	21,3	131	16,0	2,970
				2/3	17,564	21,423	24,4	111	19,3	5,017

Annexe 2 : Codage de Reed–Solomon

Les codes de REED SOLOMON, qui sont largement utilisées sur les faisceaux hertziens numériques à forte capacité, sont des codes cycliques appartenant à la famille des codes BCH non binaire. Ces codes RS s'appliquent à des groupes de r bits. Les codes obtenus sont notés : RS (n,k,t) tel que :

$n=2^r-1$: la longueur du mot de code.

k =n-2t : le nombre de symbole d'information.

t : le nombre d'erreurs pouvant être corrigées dans le mot de code.

Pour le DVB, le codage RS utilisé est RS (204,188, 8). À 188 (=k) octets en entrée, nous ajoutons 16(=2 t) octets de correction d'erreur, ce qui donne 204 en sortie du codeur. 8 octets (=t) sur 204 peuvent être corrigés. Si plus de 8 octets sont détectés comme erronés, le bloc de données utiles est marqué comme défectueux. Aucune erreur n'est alors corrigée

Ce code consiste à ajouter des octets redondants valant soit la somme soit la somme pondérée des différents octets présents dans le message. Pour comprendre l'algorithme de ce code, appliquons le à un message composé de 3 octets, par exemple le suivant : 12 15 34. On ajoute 2 octets de redondances. Le premier est égal à la somme des 3 octets, le second à la somme pondéré par le rang de chaque octet des 3 octets :

- Premier octet de redondance : 12+15+34 = 51
- Deuxième octet de redondance : 12×1+15×2+34×3 = 114

Le message codé devient donc : 12 15 34 51 114. Imaginons qu'on transmette ce message, qu'un des octets ait été perturbé et qu'on récupère le message suivant : 18 15 34 51 114. Si on refait la somme des 3 octets et la somme pondérée, on peut détecter une erreur :

- 18+15+34 = 57
- 18×1+15×2+34×3 = 120

La différence des sommes simples (celle reçue et celle recalculée) donne la valeur de l'erreur : 57-51 = 6. Celle des différences pondérées divisées par l'erreur donne le rang de l'erreur : $\frac{120-114}{6} = 1$. Il s'agit donc du premier octet qui est défectueux et l'erreur est de +6. Bien entendu, si une erreur affecte un des octets de redondance, l'erreur ne pourra pas être détectée, sauf si on ajoute une redondance à la redondance.

Annexe 3: Frame Error Ratio après FEC [10]

Le MFER est considéré comme le premier de dégradation, en effet, il indique la lente dégradation de la qualité du signal et se rapporte au taux d'erreur d'un burst découpé temporellement protégé par MPE-FEC. Le MFER renseigne sur le nombre de trames erronées non récupérables hors des trames totales reçues.

En DVB-H, le critère MFER a été réglé à 5% et indique le niveau de dégradation du service DVB-H.

$$\text{MFER}(\%) = \frac{\text{Nombre de trames erronnées}}{\text{Nombre total de trames}} * 100 \qquad (7)$$

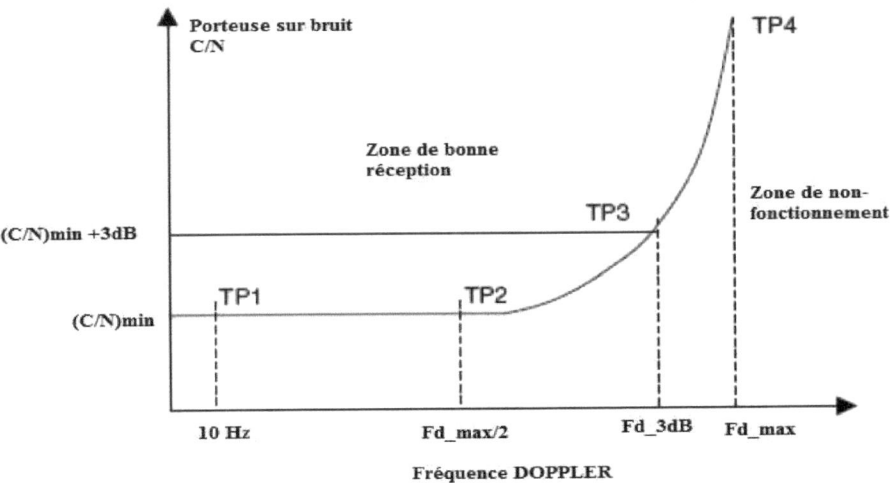

Figure 47: le principe de comportement du MFER

Sur la figure ci-dessus, le MFER de 5% est représenté par la ligne fixe. La zone de bonne réception est incluse dans le 5% de MFER. Le C/Nmin est le C/N minimum requis et la fréquence doppler représente la vitesse du terminal exprimée en Hertz. Un minimum d'au moins 100 trames devrait être analysé pour obtenir des mesures valides.

BIBLIOGRAPHIE

[1] S.KALINOWSKI: « *la chaine DVB-T (fonction, caractéristiques et paramètres)* », France -INA- (2003)

[2] L.GRIMAUD : « *DVB-T principe de fonctionnement, perspective d'implémentation en France, état de développement actuel des récepteurs* », oral probatoire au conservatoire national des arts et métiers, département physique-électronique. (Décembre 2000)

[3] D.DOUKAT : « *Télévision Mobile Personnelle « TMP » : La technologie de diffusion DVB-H, Etudes et Simulation* », Rabat, 1ère édition, RVB Edition, p. 113 (2009)

[4] A.LICHIOUI, A.MNIJEL : « *DVB-T/H – Technologie et impact économique : Nouveau mode de télédiffusion au Maroc* », Rabat, RVB Edition, p. 125 (2010)

[5] M. KORNFELD, U. REIMERS : « *DVB-H : La norme de transmission de données mobile qui monte* », Institute for communications technology, Technische Universität Braunschweig, UER-Revue technique, p.45-52. (Janvier 2005)

[6] http://www.dvb.org/technology/fact_sheets/DVB-IPDC_Factsheet.pdf

[7] http://www.scribd.com/doc/69088264/53/Comparison-between-DVB-IPDC-ESG-   and-OMA-BCAST-ESG

[8] R.BELIN, M.ROMARY : « *Technologies et problématiques autour de la télévision sur mobile* », EPITA TELECOM, France(2009)

[9]http://read.pudn.com/downloads134/doc/comm/570893/omabcast/OMA-AD-BCAST-V1_0-20080226-C.pdf

[10] J.PENTTINEN, P.JOLMA, E.AALTONEN, J.VØRE: «*The DVB-H Handbook: The functioning and planning of mobile TV*», Souhern Gate (United Kingdom), 1ère edition, Edition John Wiley & Sons Ltd, p. 236 (2009)

[11] MYRIEM HNINI : « TMP: La technologie de diffusion DVB-H », Rapport de stage, p71(2010).

Oui, je veux morebooks!

i want morebooks!

Buy your books fast and straightforward online - at one of world's fastest growing online book stores! Environmentally sound due to Print-on-Demand technologies.

Buy your books online at
www.get-morebooks.com

Achetez vos livres en ligne, vite et bien, sur l'une des librairies en ligne les plus performantes au monde!
En protégeant nos ressources et notre environnement grâce à l'impression à la demande.

La librairie en ligne pour acheter plus vite
www.morebooks.fr

 VDM Verlagsservicegesellschaft mbH
Heinrich-Böcking-Str. 6-8   Telefon: +49 681 3720 174   info@vdm-vsg.de
D - 66121 Saarbrücken   Telefax: +49 681 3720 1749 www.vdm-vsg.de

Printed by Books on Demand GmbH, Norderstedt / Germany